Jörg Pfister

RC-Wasserflugmodelle

Konstruktion und Optimierung

RC-Wasserflugmodelle

Konstruktion und Optimierung

Jörg Pfister

Verlag für Technik und Handwerk neue Medien GmbH
Baden-Baden

vth-Fachbuch
Best.-Nr.: 3102251

Redaktion: Peter Hebbeker
Lektorat: Alfred Klüß

Bibliografische Information der Deutschen Nationalbibliothek:
Die Deutsche Nationalbibliothek verzeichnet diese Publikation in der Deutschen Nationalbibliografie; detaillierte bibliografische Daten sind im Internet über http://dnb.d-nb.de abrufbar.

ISBN 978-3-88180-466-0

Printed in Germany
Druck: Griebsch & Rochol Druck GmbH, Hamm

Inhaltsverzeichnis

1 Vorwort, Faszination Wasserflug

Wasserfliegen ist für mich die wohl faszinierendste Form des Modellfliegens. Start und Landung, beim Wasserflug als Abwassern und Wassern bezeichnet, auf spiegelglattem Wasser vor einem roten Sonnenuntergang und den Alpen, sind fast schon kitschig und animieren sehr oft zufällige Passanten zu spontanem Applaus. Aber auch ganz ohne Zuschauer ist Wasserfliegen Balsam für die eigene Seele. Einen großen Teil der Faszination des Wasserfliegens macht für mich das Spiel auf und mit dem Wasser aus. Enge Driftkurven, wie mit einem Speedboot, Touch and Go, in dem Fall Splash and Go, mit hoher Geschwindigkeit gleitend Spuren auf das glatte Wasser ziehen oder bei Sturm spektakulär durch die Wellen brechen – in einer Wasserwolke vom Propeller zerstäubtem Wasser. Das zelebriere ich gerne exzessiv und oft verbringe ich den größten Teil einer Akkuladung auf dem Wasser und nicht etwa in der Luft.

Fliegen am Bodensee – Balsam für die Seele

Um dabei allerdings richtig Spaß zu haben, stellen sich besondere Anforderungen an die Eigenschaften und Konstruktion des Unterwasserschiffes. Wenn bei einem Wasserflugzeug das Unterwasserschiff nicht richtig optimiert ist, dann ist das ebenso schlecht wie ein Flugzeug mit falsch eingestelltem Schwerpunkt oder schiefen Tragflächen. Ein Großteil des eigentlichen Spaßes geht verloren.

Warum springen Wasserflugzeuge bei der Landung? Warum macht ein Wasserflugzeug beim Start einen Sprung nach oben, wie als ob es über eine Rampe fährt anstatt schön gleichmäßig in einer geraden flachen Linie zu starten? Warum habe ich Probleme beim Start geradeaus zu fahren und drehe mich immer wieder im Kreis? Solche Probleme liegen nicht unbedingt am Können des Piloten. In meinem Bekanntenkreis gibt es zum Beispiel einen Piloten, der um mindestens zehn Klassen besser fliegt als ich. Und trotzdem habe ich von ihm noch keine saubere Wasserlandung ohne wieder hoch springendes Flugzeug gesehen. Das Geheimnis liegt in diesem Fall mehr in der Auslegung des Unterwasserschiffes, als am Können des Piloten. Wenn alles richtig konstruiert ist, stellt das Wasserfliegen in meinen Augen sogar geringere Anforderungen an den Piloten als das Fliegen über Land. Denn auf dem Wasser kann man immer genau gegen den Wind starten und landen, ist nicht wie an Land an die Landebahn gebunden. Es steht immer ausreichend Platz für den Landeanflug zur Verfügung. Im Wasser gibt es keine Maulwurfshügel oder sonstige Hindernisse und wenn eine Landung mal nicht optimal ist, verzeiht das Wasser mehr als ein Acker. Bei Erstflügen auf dem Wasser kann ich mich langsam an den Start herantasten. Beim Gleiten auf der Stufe kann ich schon den Geradeauslauf trimmen und die Reaktion auf die Querruder testen. Wenn ich einige Runden auf dem Wasser gedreht und schon ein paar kleine Hüpfer gemacht habe – erlebe ich, wenn ich letztendlich zum ersten Flug abhebe, keine unangenehmen Überraschungen mehr. Umso mehr erstaunt es mich, dass viele Modellflieger eine Scheu vor dem Wasserflug haben und sich nicht trauen in das Thema einzusteigen. Manche Modellflieger unternehmen sogar den Erstflugversuch mit einem Wasserflugzeug mithilfe eines Startwagens an Land. Wasserflugzeuge lassen sich auch an Land fliegen und auf dem Bauch landen, auf einer Wiese oder im Schnee. Aber das eigentliche Element wofür ein Wasserflugzeug gebaut ist, bleibt das Wasser. Erstflüge auf dem Wasser bergen sogar weniger Risiken als Erstflüge an Land.

Der Dornier Superwal – gebaut von Andreas Ritter aus Depron und CFK

Mit diesem Buch möchte ich dem Leser die Scheu vor dem Element Wasser nehmen und zeigen worauf es beim Eigenbau eines Wasserflugzeuges oder bei Kauf und Optimierung eines Fertigmodells ankommt. Bei Veranstaltungen habe ich schon oft bis auf die letzte Niete genau gebaute Modelle gesehen, die auf dem Wasser sehr schlecht

handhabbar waren. Es ist letztendlich schade, wenn viel Zeit und Geld in einem Modell steckt und dann die Eigenschaften auf dem Wasser schlecht sind. Oft sind es nur Kleinigkeiten am Unterwasserschiff die zwischen Erfolg und Misserfolg entscheiden.

Gleichzeitig möchte ich das Wissen vermitteln, das zur Konstruktion und zum Bau eines einfachen Modells nach der 3-Seiten-Ansicht eines Original-Flugzeuges benötigt wird. Da mein eindeutig bevorzugtes Baumaterial für Wasserflugzeuge Depron ist, werde ich in einigen Kapiteln Bezug auf die Besonderheiten in der Depron-Bauweise nehmen. Depron ist für mich das perfekte Material für Wasserflugzeuge. Es ist absolut wasserfest, saugt sich nicht voll, es ist leicht zu bearbeiten und extrem leicht in Relation zur Stabilität. Am Ende entscheidet nur die Oberflächenbeschichtung, ob es eine einfache Schaumwaffel oder ein High-End-Scale-Modell ist. So möchte ich hier nur den Dornier Superwal von Andreas Ritter erwähnen, der auf Depron mit CFK/GFK-Oberfläche aufgebaut ist.

1.1 Der Autor

Ich bin aufgewachsen und lebe in der nächsten Umgebung der Dornier- und Zeppelin-Werke. Ein großer Teil meiner Familie, Opa, Onkels und Geschwister haben im Laufe ihres Lebens in irgendeiner Form bei der Firma Dornier gearbeitet oder waren in Zeppelinen oder Dornier-Flugzeugen unterwegs. Ich selbst habe während meiner Jugend, als mein Bruder seine Pilotenausbildung auf einer Dornier Do228 machte, sehr viel Zeit auf dem lokalen Flughafen verbracht. Derart geprägt war es vorgezeichnet, dass mein Beruf in irgendeiner Weise in diese Richtung gehen sollte. Allerdings waren meine Neigungen schon immer eher mit dem Schwerpunkt auf der konstruktiven Seite. Deshalb habe ich mein Studium an der dualen Hochschule bei der Firma Dornier absolviert und nach der Ausbildung bei dieser Firma meinen Berufsweg begonnen. Das Thema Modellflug hat mich schon immer fasziniert, aber früher gab es für mich zu viele abschreckende Aspekte. Monatelanges bauen, viele Versuche den Benzinmotor zum Laufen zu bringen und dann nach der ersten Kurve, beim auf sich zu Fliegen der Absturz – und selbstverständlich nicht zuletzt die hohen Kosten. Mit dem Aufkommen von kostengünstigen LiPo-Akkus, Brushless-Motoren und 2,4-GHz-Fernsteuerungen habe ich dann mit einer RTF-Cessna den Einstieg in dieses Hobby gewagt. Vor dem eigentlichen Fliegen habe ich sehr viel mit einem RC-Flugsimulator am PC geübt und das Fliegen des Modells bereitete mir daraufhin keine Schwierigkeiten. Schon bald entstand der Wunsch nach dem Modell eines Dornier-Wasserflugzeuges. Fertigmodelle von Dornier-Flugzeugen gab es zu diesem Zeitpunkt noch nicht, also blieb als Konsequenz nur der Selbstbau. Unbelastet von „traditionellen Baumethoden“ habe ich mich als Ingenieur an den Bau meines ersten Modellflugzeuges gewagt. Leider war ich auch unbelastet von allem anderen Wissen von der Motorisierung bis zur Flügelgeometrie – und so war es ein ziemlicher Fehlschlag. Dennoch habe ich auch dieses erste selbst konstruierte und selbst gebaute Flugzeugmodell, ein Dornier Wal mit 60 cm Spannweite, im Laufe der Zeit zum Fliegen gebracht und bei der Fehlersuche sehr viel gelernt. Eigentlich habe ich bei den Fehlschlägen die meisten Erfahrungen gesammelt. Wenn alles auf Anhieb funktioniert, dann ist man nicht gezwungen andere Wege zu gehen und über die dahinter verborgen liegenden Grundlagen nachzudenken. Diese meine „Fehlschläge“ und die Möglichkeiten, sie in ein gutes Ergebnis umzuwandeln, bilden die Grundlage für dieses Buch.

Inzwischen habe ich mehr als 30 Flugboote und diverse Schwimmerflugzeuge selbst konstruiert, gebaut und optimiert. Ich hatte also reichlich Gelegenheit sowohl positive als auch negative Erfahrungen zu sammeln. Als Neuling in diesem Hobby war ich völlig unbelastet bei der Materialauswahl und habe mich deshalb für Depron als meinen Hauptwerkstoff entschieden. Mit Depron lassen sich sehr stabile Konstruktionen mit wenig Gewicht erstellen und ich kann es bequem im Wohnzimmer verarbeiten. Hinzu kommt, dass es 100 % wasserfest ist. Wer schon einmal verschimmelte Holzrippen unter einer Oracover-Bespannung gesehen hat, weiß was ich meine. Aber so vielfältig das Hobby ist, so individuell sind die Baumethoden. Depron ist für mich und meine Möglichkeiten, in einer Wohnung ohne Werkstatt zu bauen, das perfekte Baumaterial. Selbstverständlich bewundere ich auch jede andere Bauform und die gelungenen Ergebnisse. Gerade diese große Vielfalt macht unser Hobby ja so interessant.

Der Autor

1.2 Historische Vorbilder

Meine bevorzugten Vorbilder sind, wer kann es erraten? Flugzeuge von Dornier. Dornier-Flugzeuge haben meistens eine unverkennbare Silhouette und heben sich von der Masse anderer Flugzeuge ab. Ein Dornier-Flugboot ist immer etwas besonderes und wird, speziell wenn ich hier am Bodensee fliege, immer wieder als solches erkannt und bewundert. Davon abgesehen haben Dornier-Flugboote die besten Eigenschaften auf dem Wasser von allen Flugbooten die ich kenne. Hier haben sich viele Eigenschaften vom Original auf das Modell übertragen und genau wie das Original, sind auch diese Modelle sehr unempfindlich gegen Wind und Wellen. Deshalb wurden die Originale früher häufig von Pionieren oder zur Wasserrettung eingesetzt. Mit einem Dornier-Modell kann ich problemlos auf dem nicht immer glatten Bodensee den Wellen trotzen. Aber es gibt noch viele andere tolle Vorbilder. Wer schon einmal in Südfrankreich Urlaub gemacht hat, kennt sicher die von verwegenen Feuerlösch-Fliegern eingesetzten gelb/roten Canadairs. Wer früher die Abenteuer von Jaques Cousteau im Fernsehen verfolgt hat, kennt die PBY Catalina. Und so gibt es noch unzählige andere lohnenswerte Vorlagen.

Als zweite größere Gruppe neben den Flugbooten, bei denen der Rumpf im Wasser schwimmt, gibt es noch die Gruppe der Schwimmerflugzeuge. Hierbei handelt es sich meistens um mit Schwimmern ausgerüstete Landflugzeuge. Der Vorteil dieser Bauform ist, dass die Flugzeuge meistens mit ein paar Handgriffen von Schwimmer auf Fahrwerk umgerüstet werden können. Nachteilig ist eine erhöhte Anfälligkeit über Kopf zu gehen, wegen des im Vergleich zum Flugboot höher liegenden Schwerpunktes. Des Weiteren geht die spielerische Leichtigkeit, mit der ich mit einem Flugboot um die Kurven driften kann, bei Schwimmerflugzeugen verloren. Dennoch kommt das Auge nicht zu kurz, wenn zum Beispiel meine Multiplex Funcub mit Schwimmern und Beleuchtung eine leichte Spur über das glatte Wasser in den Sonnenuntergang zieht.

Amundsen Wale N25 und N24 aus Depron

Krick Canadair Cl205 aus GFK und Holz, mit Folie bespannt

PBY Catalina

Multiplex Funcub mit Beleuchtung und mit Oracover veredelt

2 Die Zielsetzung

Diese Catalina hat Probleme mit dem Geradeauslauf

Der Rumpf eines Flugbootes, oder die Schwimmer eines Schwimmerflugzeuges, müssen das Flugzeug sicher über Wasser halten und bei Wind ausreichend stabilisieren, so dass es weiterhin manövrierfähig bleibt. Ein sicherer Start, beim Wasserflugzeug das Abwassern genannt, und eine sichere Landung müssen möglich sein. Das sind die Grundanforderungen die ich um eine weitere Forderung erweitere: Spaß auf dem Wasser. Wasserfliegen ist mehr als nur Gas geben, aus dem Wasser reißen und in der Luft bleiben bis der Akku leer ist. Wasserfliegen bedeutet viele schöne Starts und Landungen absolvieren, sowie das Herumtoben auf dem Wasser. Ein gut konstruiertes Wasserflugzeug erfüllt deshalb die folgenden Grundtugenden:

- gute Manövrierfähigkeit bei Verdrängerfahrt
- Angleiten und Gleitfahrt mit wenig Motorkraft
- Kurvenfahrt ohne „Ringelpietz“
- Abwassern ohne zu „kleben“
- Landen ohne „springen“
- Eine stabile Lage im Wasser bei Wind

Die DoX benötigt zum Angleiten weniger Motorkraft als für den Flug

Landung mit Hüpfer

Wal bei stürmischen Bedingungen

2.1 Verdrängerfahrt

Die Verdrängerfahrt ist eine der zwei Hauptphasen in denen sich ein Wasserflugzeug befinden kann. Im Stand oder bei langsamer Fahrt wird der Auftrieb des Flugzeuges im Wasser nur durch die Menge des verdrängten Wassers erzeugt. Daraus ergibt sich das Volumen der Schwimmer oder des Rumpfes beim Flugboot. Das verdrängte Wasservolumen muss in der richtigen Relation zum Gewicht des Flugzeuges stehen. Die Stabilisierung um die Längsachse in der Verdrängerfahrt wird beim Flugboot durch das Auftriebsvolumen der Stabilisierungsschwimmer oder Stummelschwimmer erzeugt. Die Querruder sind durch die niedrige Geschwindigkeit praktisch ohne Wirkung.

wirken. Damit das Flugzeug erfolgreich startet muss es den Übergang in die Gleitfahrt schaffen. Wozu? Warum nicht einfach in Verdrängerfahrt starten? Ganz einfach: Geschwindigkeit! In Verdrängerfahrt erreicht das Wasserflugzeug niemals genügend Geschwindigkeit um abzuheben. Der Vergleich ist wie zwischen einem Hafenschlepper und einem Speedboot, welches nur auf dem hinteren Teil des Rumpfes gleitet. Das ist auch beim Steuern bemerkbar. Sobald das Flugzeug den Übergang ins Gleiten geschafft hat, erreicht es mit reduziertem Gas eine höhere Geschwindigkeit wie zuvor. Erhöht man jetzt die Geschwindigkeit, so steht dem erfolgreichen Start nichts mehr im Wege.

Sehr oft höre ich die Meinung, dass ein Wasserflugzeug für den Wasserstart stärker

Dornier Wal N25 in Verdrängerfahrt bei ersten Rumpftests. Der statische Auftrieb der Stummel verhindert ein auf die Seite Kippen des Rumpfes

2.2 Angleiten und Gleitfahrt

Die zweite Phase ist die Gleitfahrt. Hier ist nicht mehr das verdrängte Wasservolumen maßgebend, sondern das Flugzeug gleitet ähnlich wie ein Wasserski auf dem Wasser. Die Geschwindigkeit trägt es. In dieser Phase wird die zum Start benötigte Geschwindigkeit aufgebaut, die Tragflächen beginnen zu tragen und die Querruder beginnen zu

motorisiert sein muss als ein Landflugzeug. Das trifft so nicht unbedingt zu. Ein optimal ausgelegtes Wasserflugzeug benötigt für den Start nicht mehr Motorleistung wie für den Reiseflug und auf jeden Fall weniger Leistung als für den Start von einer Graspiste. Andererseits führt mehr Motorleistung bei einem Flugzeug das nicht ins Gleiten kommt, nicht unbedingt zum Erfolg. Das perfekte Beispiel hierfür ist meine DoX mit 1,6 m Spannweite. Beim ersten Versuch hatte ich zu schwache Motoren eingebaut. Mit den

Der Dornier Wal N25 in Gleitfahrt. In der Gleitfahrt wird die Geschwindigkeit für den Start aufgebaut

schwachen Motoren erhob sich die DoX problemlos aus dem Wasser, schaffte es auf zirka 1 m Flughöhe zu steigen und kam dann nicht höher. Die schwachen Motoren reichten für den Wasserstart aber nicht für den Steigflug. Damals habe ich durch Zufall ein Modell mit perfekten Wasserstart-Eigenschaften gebaut, welches weniger Leistung für den Start als für den Flug benötigte. Die DoX fliegt sich einfacher als jeder Anfänger-Trainer und die Gleiteigenschaften auf dem Wasser sind einfach klasse. Ich kann dabei nur von Zufall reden, denn es war erst mein drittes eigenkonstruiertes Modell und es fehlten mir die theoretischen Grundlagen – die ich heute kenne.

2.3 Kurvenfahrt

Für mich ist das saubere Durchgleiten von Kurven Kür und Pflicht zugleich. Es ist die Kür, weil es Spaß macht durch Kurven zu gleiten und driften (driften geht nur mit flachem Boden ohne Kiel). Es ist Pflicht beim Fliegen bei Wind. Wer bei Wind starten möchte, muss ab einer gewissen Windstärke darauf achten, dass das Modell in Verdrängerfahrt schnell genug ist. Je nach Modellgewicht kann es sonst passieren, dass der Wind von hinten

Dornier Wal N25 in einer kontrolliert gefahrenen Kurve

unter das Höhenruder greift und das Modell auf den Kopf wirft. Um das Modell jederzeit unter Kontrolle zu haben, empfiehlt es sich bei solchen Manövern auf Stufe gleitend zu manövrieren, schneller als der Wind zu sein, was wiederum gute Gleiteigenschaften in den Kurven erfordert. Geschwindigkeit bringt bei Rückenwind Sicherheit.

2.4 Start und Abwassern

Für einen harmonischen und damit optisch ansprechenden Start ist es wichtig, dass sich das Flugzeug leicht vom Wasser löst. Wenn das Flugzeug auf dem Wasser „klebt", dann wird der Pilot bei Vollgas stark am Höhenruder ziehen um vom Wasser abzuheben. Wenn sich das Flugzeug letztendlich von der Wasseroberfläche gelöst hat, wird es einen Sprung nach oben machen. Die Aufwärtskurve ist vergleichbar mit dem Absprung eines Skispringers vom Schanzentisch. Das ist an sich kein Problem, es könnte aber eleganter aussehen. Später im Buch beschreibe ich noch die Methoden, wie der Start so optimiert werden kann, dass das Flugzeug in einem flachen und harmonischen Winkel aufsteigt.

2.5 Landen und Wassern

Das Landen beim Wasserflug ist meist einfacher wie an Land. Bei einer Landung an Land ist das Risiko einer „Springlandung" wesentlich höher, da die Energie welche die Federung aufnimmt wieder an das Flugzeug zurückgegeben wird. Wasser federt eine nicht ganz optimale Landung hervorragend ab und hält das Flugzeug förmlich auf der Oberfläche fest. Das trifft allerdings nur bei einer richtigen Positionierung der Stufe und dem richtigen Befestigungswinkel der Tragfläche zu. Bei falscher Positionierung oder wenn die Tragfläche im falschen Winkel angebracht wird ist es unter Umständen sehr schwierig das Wasserflugzeug ohne Hüpfer zu landen.

Mein Dornier Delphin nach dem Abwassern. Kostenloser FMT-Download-Plan unter www.vth.de

Die Do214 von Scale-Parkflyer kurz vor einer perfekten Landung

2.6 Stabilisierung bei Wind

Das Manövrieren auf dem Wasser bei Wind stellt besondere Anforderungen an die Konstruktion des Flugbootes. Wenn das Flugboot im Wasser durch Seitenwind in Schräglage gebracht wird, besteht das Risiko, dass der Wind unter die angehobene Tragfläche greift und das Flugzeug auf den Rücken wirft. Im Idealfall stabilisiert ein Stummel oder Stützschwimmer das Modell so, dass es nicht in eine starke Schräglage gedrückt wird und sich mit Hilfe des Leitwerks von selbst gegen den Wind ausrichtet. Das Bestreben des Flugzeuges im Wasser, sich durch die Kraft die auf das Seitenleitwerk wirkt selbstständig gegen den Wind zu drehen, sollte also größer sein als die Neigung umzukippen, welche durch die Kraft, die auf die angehobene Tragfläche wirkt, hervorgerufen wird. Wenn beim Startversuch eine Tragfläche auf dem Wasser „klebt" ist der Start sehr schwierig, denn das Flugzeug wird sich um die im Wasser liegende Tragfläche drehen.

Mein alter Dornier Wal hat stark mit Seitenwind zu kämpfen

3 Die Gewichtsspirale, Leichtbau gegen Stabilität

„Leicht baut es sich schwer, aber fliegt es sich leicht“. Ein Zitat von meinem Wasserflugmodell-Kameraden Rolf Breitinger und ich kann es nur unterstreichen. Gerade in Modellfliegerkreisen treffe ich oft auf die Meinung, dass schwere Flugzeuge Vorteile bei Wind haben, weil sie stabiler fliegen. Ich vertrete eine gegenteilige Meinung. „So leicht wie möglich, so schwer wie nötig.“ Leichtbau bei dazu passender Stabilität und guter Motorisierung, bietet sehr viele Vorteile. Gerade bei auflandigem, konstanten Wind kann ich die Vorteile eines leichten Flugzeuges voll ausspielen. Ein leichtes Flugzeug hat eine kurze Startstrecke und kann bei Wellen den Start mit einem Sprung über eine Welle schaffen. Ein schweres Flugzeug würde kopfüber in der nächsten Welle stecken. Bei der Änderung der Flugrichtung von Gegenwind auf Rückenwind sind gutes Beschleunigungsvermögen und gutmütige Langsamflug-Eigenschaften wichtig, so dass es bei der Wende nicht zum Strömungsabriss kommt. Auch hier hat ein leichtes aber gut motorisiertes Flugzeug Vorteile. Bei der Landung in den Wellen ist eine kurze Landestrecke und ein niedriges Gewicht wichtig, damit es beim „Aufschlag“ in den Wellen nicht zu Beschädigungen kommt. Auch Wasser kann bei entsprechender Geschwindigkeit hart sein. Ich habe es schon erlebt, dass eine Welle im falschen Moment ein Loch in den Boden eines Flugbootes geschlagen hat. Ein schnelles, schweres Flugzeug hat eigentlich nur dann Vorteile wenn der Wind stark böig ist, zum Beispiel bei ablandigem Wind der verwirbelt über die Hindernisse an Land ans Wasser kommt. Aber mal ehrlich: fliegen bei ablandigem, verwirbelten Wind macht keinen Spaß, egal ob es ein leichtes oder schweres Flugzeug ist.

Das Geheimnis des Leichtbaus ist eine ausgewogene Gesamtkonzeption. Bei der Konstruktion sollte man sich genau überlegen, welche Stellen stark belastet werden und entsprechend verstärkt sein müssen und welche nicht. Gerade beim Bau mit Depron werden weniger Holz- oder andere Verstärkungen benötigt, als die meisten denken. Ich bin kein ausgesprochener Leichtbau-Fanatiker und baue Modelle so dünnhäutig, dass man sie kaum anfassen kann. Alle meine Modelle sind Outdoor- und Schlechtwettertauglich und einigermaßen unempfindlich anzufassen. Bei meinen Flugzeugen in der 2-m-Klasse sind gerade einmal die Motoraufnahmen aus Holz und die Tragflächensteckungen aus Alu und CFK. Alles andere ist aus Depron. Wenn Baugruppen, die es nicht benötigen zu stabil gebaut werden und damit zu schwer sind, steigt das Grundgewicht. Folglich muss die Motorisierung stärker werden, was wiederum größere Ströme und infolge dickere, schwerere Kabel und größere Akkus erfordert. Schwere Motoren und Akkus müssen wiederum eine verstärkte Konstruktion des Flugzeugkörpers nach sich ziehen. Somit dreht sich die Spirale im

Kreis und das Flugzeug wird immer schwerer aber nicht notwendigerweise stabiler und resistenter gegen Beschädigungen. Denn ein schweres Flugzeug muss auch stärkere Kräfte aushalten. Ein leichtes Flugzeug hält, wenn es entsprechend intelligent konstruiert ist, deutlich mehr aus und übersteht auch mal einen Absturz unbeschädigt.

Des Weiteren muss überlegt werden wie das Flugzeug geflogen wird. Eine DoX ist eher nicht für wilden Kunstflug konstruiert, beeindruckt aber durch eine langsame, vorbildgetreue Fluggeschwindigkeit und kann daher eher leicht, mit etwas weniger Stabilität gebaut werden. Eine Rennmaschine wie die Schneider Trophy hingegen, bekommt besser etwas dickere Flügelholme spendiert.

Ein besonders wichtiger Aspekt beim Leichtbau ist die Motorisierung. Dicke Kabel wiegen enorm viel und die Kabeldicke steigt mit der Stromstärke. Mit 10 A maximalem Strom wird 1 mm^2 Kabelquerschnitt benötigt. Damit kommt schnell ein beachtliches Gewicht zusammen. Meine Vorgehensweise ist normalerweise die, dass ich eher mit einem kleineren Motor einsteige. Falls der Schub nicht ausreicht, rüste ich auf. Hierbei verlasse ich mich nicht auf irgendwelche Leistungsberechnungen, sondern ich messe den Standschub bei kleinen Motoren mithilfe einer Küchenwaage und bei großen Motoren mit einer Kofferwaage. Durch eine optimale Motorauswahl, so viel wie nötig, so wenig wie möglich, lässt sich am Ende eine enorme Gewichtsersparnis erreichen.

Nur wer konsequent leicht baut und genau weiß, welche Stellen wie stark belastet werden, kann ein optimales Ergebnis erzielen. Das Resultat ist es wert. Ein Wasserflugzeug wirkt majestätisch, wenn es vorbildgetreu und langsam fliegt. Mit einem leichten Flugzeug kann ich unbeschwert im Wind „tanzen“ und Spaß haben.

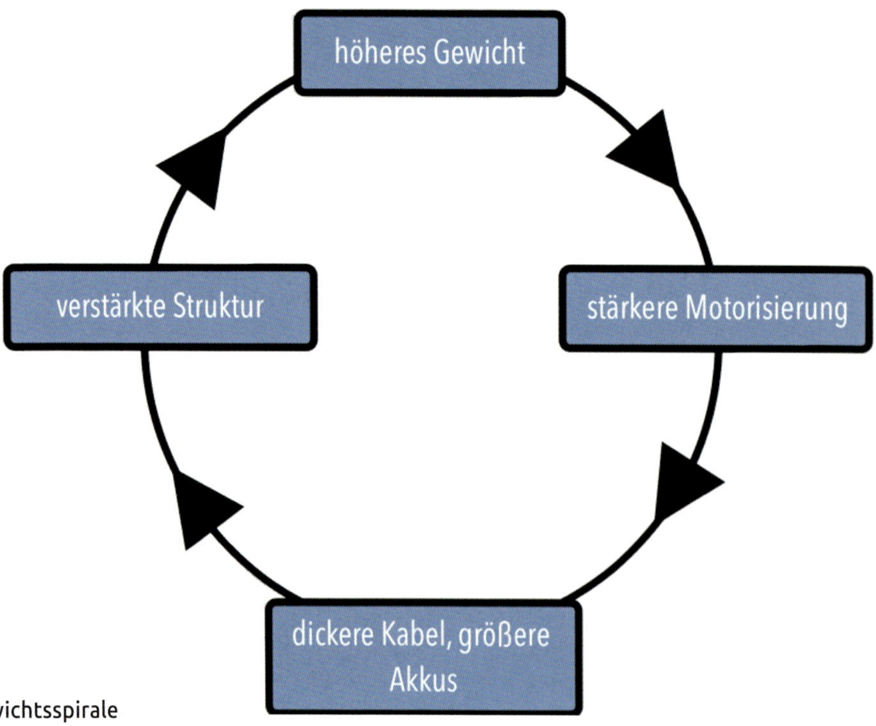

Gewichtsspirale

4 Auslegung des Unterwasserschiffes

Beginnen wir mit dem zentralen Thema, wenn man selbst ein Wasserflugzeug bauen möchte oder ein Wasserflugzeug kauft: Die Konstruktion des Unterwasserschiffes. Ich habe viele Fertigmodelle oder Bausätze im Handel gefunden, bei denen elementare Fehler vorhanden sind und die dementsprechend schlecht zu landen und starten sind. Dieses Thema unterscheidet das Wasserflugzeug vom Landflugzeug. Während es beim Landflugzeug genügt, irgendwie Räder unter den Rumpf zu schrauben und genug Motorleistung zu haben, muss beim Wasserflugzeug eine komplexe Rumpfform realisiert werden. Wenn das Unterwasserschiff oder die Schwimmer nicht richtig dimensioniert und positioniert sind, dann kann es sein dass der Erstflug gar nicht erst stattfindet, weil das Flugzeug den Start vom Wasser nicht schafft. Aber selbst wenn das Flugzeug den Wasserstart schafft, lohnt es sich an dieser Stelle etwas Aufwand in die Optimierung zu stecken, denn das Rumtoben auf dem Wasser ist einfach ein Riesenspaß.

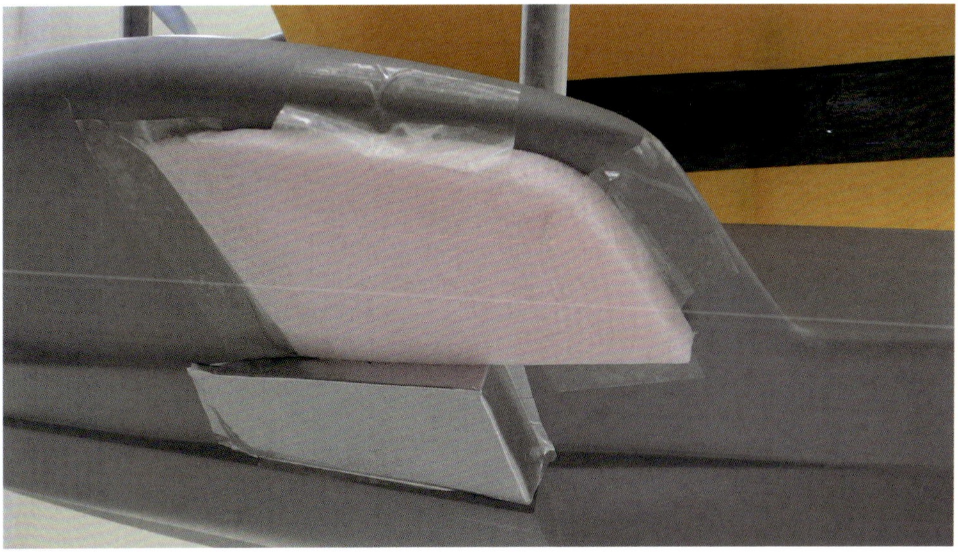

Bei meinem gekauften Do18-Rumpf waren umfangreiche Veränderungen (Rosa und silberne Keile) der Stufe nötig, um ins Gleiten zu kommen. Ohne diese Änderungen war ein Wasserstart unmöglich

4.1 Die Positionierung der Stufe

Die Stufe ist wohl das wichtigste Element für den Erfolg des Wasserstarts. Damit das Wasserflugzeug ins Gleiten kommt, benötigt es eine Stufe. Nur die Stufe kann verhindern, dass der ganze Rumpf im Wasser „klebt". Die Stufe erlaubt es auch, den Anstellwinkel des Flugzeuges zu ändern. Ähnlich wie bei einem dreibeinigen Landfahrwerk, wenn die Nase hochgenommen wird und das Vorderrad vom Boden abhebt.

Bei der Positionierung der Stufe kann sehr viel falsch gemacht werden. Ich habe Modelle im Handel gefunden, bei denen die Stufe falsch positioniert ist und der Pilot es trotz hervorragendem Können nicht schafft, ohne hüpfen zu landen. Das gilt übrigens sowohl für Flugboote als auch für Schwimmerflugzeuge. Deshalb schauen wir uns drei mögliche Fälle für die Stufenpositionierung einmal genauer an.

4.1.1 Stufe zu weit hinten

Bei gekauften Modellen ist das eher selten der Fall. Wird allerdings genau nach Vorbild gebaut, kann es bei manchen Flugzeugtypen passieren, dass sich die Stufe beim Modell zu weit hinten befindet. Woran liegt es, dass es beim Original funktioniert und beim Modell nicht? Und wie äußert es sich beim Modell, dass die Stufe zu weit hinten ist? Wenn die Stufe zu weit hinten liegt, neigt das Modell in der Gleitfahrt zum Wippen. Die Nase und das Heck schwingen auf und ab. Wenn der Effekt nur gering auftritt, lässt sich durch leichtes Ziehen mit dem Höhenruder dagegenhalten. Im Extremfall kann der Effekt aber so stark auftreten, dass beim Beschleunigen auf Startgeschwindigkeit das Flugzeug einen Sprung nach oben und anschließend einen Köpfer zurück ins Wasser macht, was dann einen abrupten Stopp nach sich zieht. Das ist mir bei den ersten Tests meiner Do212 passiert. Das Flugzeug war nicht zu starten und jeder Versuch endete mit einem „Delphin-Sprung" ins Wasser. Nachdem ich die Stufe nach vorne verlegt habe, ließ sie sich mühelos starten, als ob nie etwas gewesen wäre. Speziell bei Dornier-Flugzeugen befindet sich die Stufe im Original relativ weit hinten. Zusätzlich kommt es noch auf den Maßstab an. Bei Modellen ab 1,4 m Spannweite kann die Stufe problemlos an die weiter hinten liegende originalgetreue Position gebaut werden. Das Modell ist groß genug, dass das Wippen durch Gegenhalten mit dem Höhenruder kompensiert werden kann. Bei kleineren Flugzeugen fällt es dem Piloten schwer, das Wippen durch Gegenhalten mit dem Höhenruder zu verhindern, denn die Erkennbarkeit des kleinen Rumpfes im Wasser wird schlechter und die Bewegungen sind schneller. Hier empfehle ich, die Stufe leicht nach vorne zu verlegen.

Aber wodurch entsteht das Wippen? Je weiter hinten die Stufe ist, umso mehr Hebelarm befindet sich zwischen dem Schwerpunkt und dem Auflagepunkt auf dem Wasser. Durch den Schwerpunkt vor dem Auflagepunkt ergibt sich ein Drehmoment, welches die Nase des Modells bei einer Störung nach unten zieht. Dieser Effekt ist erwünscht bei der Landung, denn er verhindert dass der Flieger „abprallt". Dieser Effekt stabilisiert das Flugzeug. Je näher die Stufe am Schwerpunkt ist, umso weniger stabilisiert ist das Flugzeug. Eine weiter hinten liegende Stufe unterstützt, dass das Flugzeug bei der Landung sofort auf dem Wasser bleibt ohne zu hüpfen. Jetzt könnte die Stufe einfach getreu nach dem Motto „viel hilft viel" sehr weit nach hinten gesetzt werden. Aber auch hier gibt es Grenzen. Denn wenn dieses Drehmoment zu stark ist, dann wird bei der kleinsten Störung, beispielsweise einer kleinen Welle, die Nase zu weit zurück ins Wasser gedrückt, sie schwimmt wieder auf, wird wieder nach unten gedrückt und so weiter. Die Stabilisierung bzw. Regelung ist zu stark. Der eigentlich stabile Zustand wird wieder instabil und beginnt sich aufzuschaukeln. Bei größeren Modellen ist diese Bewegung sehr deutlich erkennbar und kann mit dem Höhenruder ausgeglichen werden. Bei kleinen Modellen ist das schwieriger.

4.1.2 Stufe zu weit vorne...

...oder sogar auf dem Schwerpunkt. Diesen Fehler habe ich leider schon bei einigen Flugbooten und Schwimmerflugzeugen im Handel gesehen. Eine zu weit vorne liegende Stufe begünstigt „Hüpflandungen“. Selbst hervorragende Piloten werden mit so einem Modell Schwierigkeiten haben, eine vernünftige Landung hinzubekommen. Bei einer zu weit vorne positionierten Stufe liegt die Stufe im schlechtesten Fall auf oder vor dem Schwerpunkt. Wenn die Stufe auf dem Schwerpunkt liegt, tritt beim Aufsetzen kein Drehmoment zwischen Auflagepunkt und Schwerpunkt auf, welches die Rumpfnase nach unten zieht. Folglich springt das Flugzeug, wenn es nicht perfekt gelandet wird, von der Wasseroberfläche weg wie ein flach geworfener Stein. Das kann im Extremfall dazu führen, dass nach dem Abprallen die Fahrt zu niedrig ist und ein einseitiger Strömungsabriss eintritt. Das Modell taucht dann recht unschön mit einer Tragfläche zuerst ein.

4.1.3 Stufe an der richtigen Position

Mit einer richtig positionierten Stufe gelingen gute Landungen ohne Probleme. Nur bei einer sehr schlechten Landung wird es geringfügig springen. Die richtig platzierte Stufe erlaubt es, beim Touch and Go eine hauchzarte Linie auf das Wasser zu ziehen. Der Landeanflug wird mit leicht nach oben gezogener Nase durchgeführt. Als grobe Daumenregel liegt dabei die Rumpfunterseite hinter der Stufe parallel zur Wasseroberfläche. Nach dem Aufsetzen mit leicht angehobener Rumpfnase ergibt sich ein Drehmoment durch den vor der Stufe liegenden Schwerpunkt, welcher die Rumpfnase nach unten zieht und damit das Flugzeug praktisch auf der Wasseroberfläche festhält. Damit ist ein wichtiges Ziel bei der Auslegung und Konstruktion des Modells erreicht.

Aber wo soll die Stufe sein? Im Internet kursiert eine Regel, dass die Stufe zirka 1 bis 2 cm hinter dem Schwerpunkt liegen soll. Das ist in der Praxis natürlich schlecht anwendbar, da 1 bis 2 cm bei einem Modell

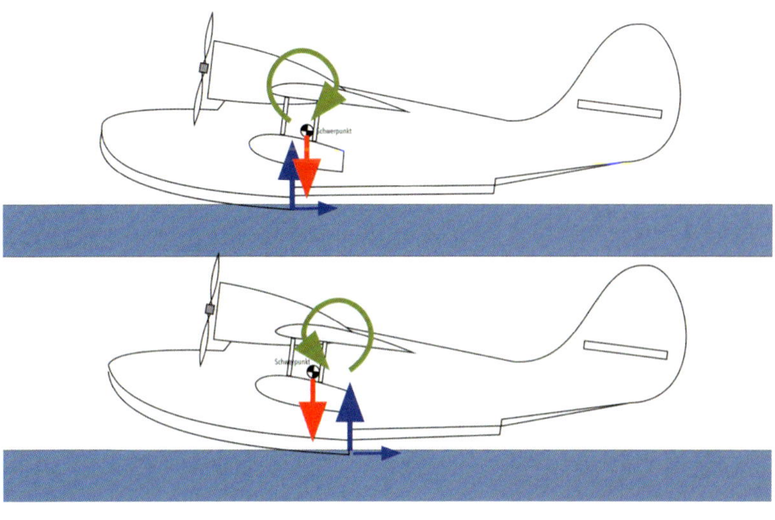

Stufenposition: Ist die Stufe zu weit vorne, neigt das Flugzeug bei der Landung zum Springen. Ist sie zu weit hinten, kann es während der Gleitfahrt wippen

mit 60 cm Spannweite eine andere Bedeutung haben, als bei einem 3-m-Modell. Ich empfehle, die Stufe auf mindestens 50 % der Flächentiefe zu legen. Bei größeren Modellen, sogar bis zu 65 %, je nach Vorbild. Als Beispiel bei meinem Dornier Wal mit 2,1 m Spannweite liegt die Stufe bei 62 % der Flächentiefe, von der Vorderkante der Tragfläche gemessen. Das gilt natürlich nur für rechteckige Tragflächen. Bei nicht rechteckigen Tragflächenformen muss der Schwerpunkt und der Neutralpunkt berechnet werden. Dafür benutze ich das Freeware-Programm *W_Laengs* von Dietrich Meissner und Jörg Russow. Nach der Eingabe aller Flugzeug Parameter (Stummelflügel und Rumpfboden nicht vergessen) berechnet das Programm den Schwerpunkt für den Erstflug und den Neutralpunkt. Die Stufe platziere ich dann auf oder etwas hinter den Neutralpunkt. Wenn ein Modell nach einem Vorbild gebaut wird, kann man sich aber einfach am Original orientieren.

4.2 Die Höhe der Stufe

Die erforderliche Höhe der Stufe hängt zusammen mit dem Winkel des hinteren Rumpfbodens und der Größe des Modells. Bei sehr kleinen Modellen wird eine vorbildgetreue Stufe zu klein. Ich empfehle aus Praxiserfahrungen heraus ungefähr folgende, empirisch ermittelten Stufengrößen in Tabelle 1.

Tabelle 1: Stufengrößen

Rumpflänge	Stufenhöhe
45 cm	6-8 mm
90 cm	10-14 mm
140 cm	18-22 mm
160 cm	20-24 mm

Sollte die Stufe zu niedrig sein, so ist es im Normalfall immer noch möglich die Höhe nachträglich, ohne allzu großen Aufwand zu erhöhen. Eine zu hohe Stufe schadet funktional selten, eventuell ist sie aber optisch störend.

4.3 Formung und Winkel des Rumpfbodens

Wichtig bei allen Teilen des Unterwasserschiffes, beim Rumpf oder bei Schwimmern und Stummeln ist, dass die Form nach vorne eine harmonische Kurve bildet und nach hinten mit einer scharfen Kante endet. Alle hinteren Bereiche an der Stufe, den Stummeln und den Schwimmern sollten scharfkantig sein, um den Wasserabriss zu erleichtern. Durch die harmonische Kurve nach vorne bildet der Rumpf beim Beschleunigen möglichst wenig Widerstand und kommt leicht in Fahrt. Die scharfe Abrisskante hinten und an den hinteren Seiten ist wichtig, damit sich der Rumpf von der Wasseroberfläche lösen kann. Die Stufe darf niemals abgerundet oder verschliffen werden! Der Teil des Rumpfes nach der Stufe läuft in einem Winkel von zirka 5° bis 12° nach oben. Dieser Winkel, auch Rumpfschränkung genannt, ermöglicht es beim Gleiten die Nase nach oben zu nehmen, ohne dass das Heck in das Wasser eintaucht und abbremst. Der genaue Winkel hängt wiederum vom Vorbild ab. Bei meinen Walen und der DoX liegt der Winkel bei etwa 5°, was speziell bei kleinen Maßstäben einen feinfühligen Umgang mit dem Höhenruder erfordert, damit das Heck das Wasser nicht berührt. Bei meinem Delphin als anderes Extrem, kommt ein Winkel von zirka 12° zum Einsatz. Ist die Rumpfschränkung zu klein, weil der Rumpf niedriger weitergeführt wird, kann das Probleme beim Abwassern zur Folge haben. Der benötigte Winkel zum Abheben kann nicht erreicht werden. Es wird eine sehr hohe Geschwindigkeit benötigt, weil die Tragfläche mit einem niedrigen Anstellwinkel ausreichend Auftrieb entwickeln muss. Oder aber das Modell wippt um die Querachse, weil das Heck immer wieder das Wasser berührt, daraufhin abprallt und durch das eintauchende Vorderschiff wieder nach unten gedrückt wird.

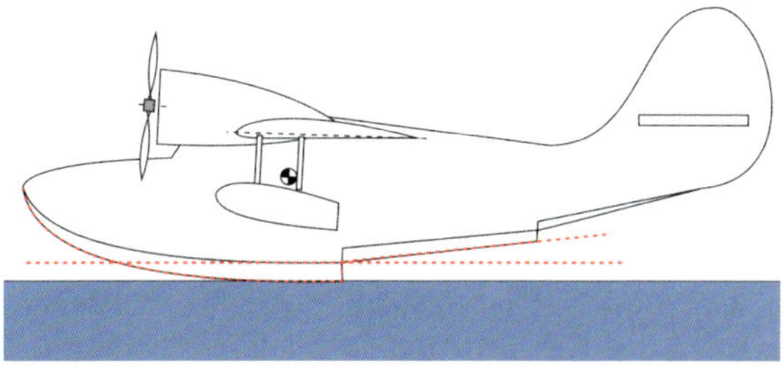

Der vordere Rumpf verläuft in einer harmonischen runden Kurve. Hinter der Stufe verläuft der Rumpf mit zirka 5° bis 12° nach oben

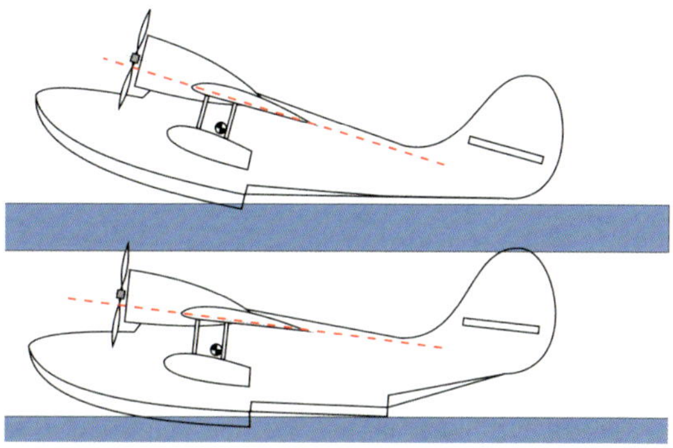

Schränkung des Rumpfes: Ein geschränkter Rumpf erlaubt es, den Anstellwinkel des Rumpfes während der Gleitfahrt zu erhöhen, ohne dass das Heck aufsetzt und erleichtert das Abwassern

Vergleich N25 (5°) zu D702 (12°): Die N25 setzt leichter mit dem Heck auf und muss in Gleitfahrt stärker mit dem Höhenruder unter Kontrolle gehalten werden. Die D702 hat mehr „Bodenfreiheit" am Heck beim Gleiten

4.4 Zusatzstufe oder V-förmige Kielung

Bei Dornier-Flugzeugen fällt auf, dass auf der Hauptstufe welche die ganze Rumpfbreite einnimmt, noch eine kleine Stufe in der Mitte sitzt, die zirka 40 % der Höhe und 50 % der Breite der Hauptstufe hat. Diese kleine Dornier-typische Stufe, auch das „Surfbrett" genannt, hat eine wichtige Funktion. Sie verringert in der letzten Gleitphase die Auflagefläche auf dem Wasser und hilft dem Flugzeug somit, sich leicht von der Wasseroberfläche zu lösen. Das Gleiche wird zum Beispiel bei einer Catalina durch eine V-förmige Rumpfunterseite erreicht. Beim Abheben wird dabei Schritt für Schritt die Berührungsfläche mit dem Wasser verringert. Ohne das „Surfbrett" oder einen V-förmigen Kiel können zwei Verhaltensweisen auftreten.

Das Flugzeug löst sich nicht von der Wasseroberfläche: Dieses Problem hatte ich bei meiner EPP Jamara Libray, als ich im Urlaub das erste Mal von der spiegelglatten Wasseroberfläche eines Swimmingpools starten wollte. Bei meinen Flügen zuvor auf dem leicht welligen Wasser des Bodensees war der Start nie ein Problem. Im Pool war das Wasser aber so glatt, dass die Libray zwar ins Gleiten kam aber sich einfach nicht von der Wasseroberfläche lösen wollte. Ein Trick der normalerweise funktioniert, ist dann selbst Wellen zu machen und durch diese hindurchzufahren. Aber das reichte in diesem Fall für die relativ kurze Startstrecke die zur Verfügung stand nicht aus. Ich habe dann auf dem Campingplatz mit einem Teppichmesser einen zirka 5 mm hohen keilförmigen EPP-Streifen, ungefähr 10 cm lang und halb so breit wie der Rumpf geschnitten, aufgeklebt und siehe da – der Start war kein Problem mehr. Gleichzeitig verbesserte sich der Geradeauslauf. Vorher neigte die Libray zum Einhaken mit den Stummeln und zum „Ringelpietz". Durch das „Höherlegen" mit der Stufe während der Gleitfahrt und das zusätzliche Erhöhen der V-Form der Stummel, hat sich der Abstand der Stummelenden zur Wasseroberfläche erhöht und das Fahrverhalten verbesserte sich enorm.

Das Flugzeug startet, klebt aber bis zuletzt auf der Wasseroberfläche: Zum Starten zieht der Pilot stark, das Flugzeug löst sich abrupt und macht einen Sprung nach oben. Der Start sieht aus als ob das Flugzeug über eine Sprungschanze gefahren ist. An sich kein Problem, aber auch nicht elegant. Im Idealfall löst sich das Modell bei zunehmender Geschwindigkeit immer mehr von der Wasseroberfläche und startet in einer schönen geraden und niedrigen Linie weg. Das wird am Besten mit der Zusatzstufe oder einer V-förmigen Kielung erreicht.

Eine V-förmige Kielung hat im Vergleich zur Zusatzstufe den Nachteil, dass sie Spritzwasser erzeugt. Das ist zwar optisch spektakulär, manch ein Modellbauer mag es wenn es richtig spritzt. Allerdings bremst Spritzwasser im Propellerkreis das Flugzeug teilweise ab. Das kann speziell bei zweimotorigen Flugbooten schnell zum Ringelpietz führen, wenn nur eine Seite abgebremst wird.

Ich baue aus persönlicher Vorliebe fast alle meine Modelle mit gerader, flach gekielter Stufe. Egal ob Schwimmerflugzeug oder Flugboot. Bei Flugbooten macht es mir auch besonderen Spaß, mit dem flachen Boden durch Kurven zu driften. Ein V-förmiger Kiel würde mich da nur stören. Das war übrigens bei den originalen Walen auch eine besondere Eigenschaft. Sie konnten mit dem flach gekielten Boden aus der Kurve heraus starten. Das war bei späteren Typen, bei denen ein V-förmiger Kiel eingeführt wurde, nicht mehr möglich.

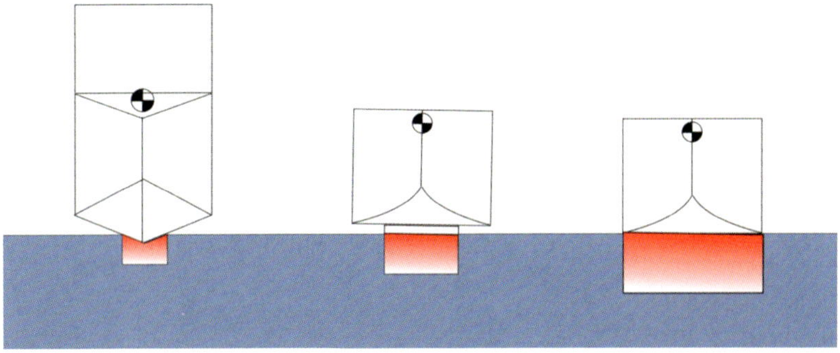

Surfbrett und V-Kiel: Das Surfbrett oder auch alternativ der V-förmige Kiel reduzieren die Fläche des Rumpfes auf dem Wasser beim Gleiten und erleichtern das Abwassern

Das Surfbrett ermöglicht „gedriftete Kurven" und den Start aus voller Kurvenfahrt heraus. Das konnte das Original übrigens auch

Sebart Macchi mit V-Kiel: Der V-förmige Kiel verbessert das Startverhalten, erzeugt aber auch Spritzwasser, was bei manchen Modellen störend sein kann, speziell wenn das Spritzwasser den oder die Propeller trifft

4.5 Volumen und Länge von Schwimmern oder Rümpfen

Das Auftriebsvolumen des Unterwasserschiffes sollte immer zum Modellgewicht passen. Ist das Volumen und damit der Auftrieb zu klein, dann sinkt das Flugzeug tief ein, was eventuell ein Angleiten und damit Abwassern schwierig oder unmöglich macht, sowie bei der Landung das Risiko eines Überschlags erhöht. Ist das Volumen zu groß oder das Modell zu leicht, was speziell bei Schaumflugzeugen gerne der Fall ist, dann ist das Angleiten meistens sehr einfach. Allerdings besteht bei Wind das Risiko, dass das Flugzeug leichter über Kopf geworfen wird, wenn es nur auf der Wasseroberfläche schwimmt. Optisch ist es nicht vorbildgetreu, wenn das Flugzeug wie eine Feder auf dem Wasser tanzt. Bei einem Flugboot ist das Volumen normalerweise durch das Vorbild vorgegeben. Hier kann meistens nur der erzeugte Auftrieb verringert werden, beispielsweise durch eine selbst entleerende Ballastkammer, wie sie in einem späteren Kapitel beschrieben wird.

Bei Schwimmerflugzeugen sollte das Volumen der Schwimmer so gewählt werden, dass die Schwimmer ungefähr das doppelte Volumen in Litern des Abfluggewichtes des Modells in Kilogramm haben. Denn ein Liter verdrängtes Wasser erzeugt ein Kilogramm Auftrieb. Dann liegen die Schwimmer zirka zu 50 % im Wasser – im Idealfall so, dass die Spitzen etwas nach oben zeigen und das Heck des Schwimmers tiefer im Wasser liegt.

Liegt das Modell mit dem Heck etwas tiefer im Wasser, erleichtert das den Start

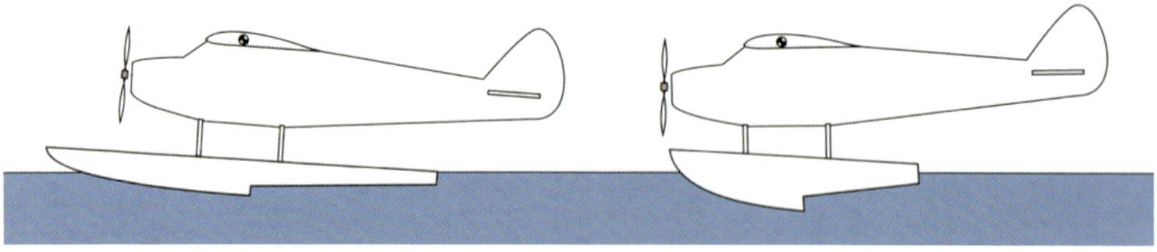

Volumen der Schwimmer: Bei der Auswahl der Schwimmerform kann man sich grundsätzlich bei gleichem Volumen für kurze, dicke oder lange, dünne Schwimmer entscheiden. Lange Schwimmer schützen besser vor Überschlag

Die Länge des Rumpfes ist bei Flugbooten meist durch das Original vorgegeben. Flugzeuge mit einer lange nach vorne überstehenden Nase und niedrigem Schwerpunkt bieten mehr Sicherheit gegen einen Überschlag. Schwimmer sollten von der Länge so dimensioniert sein, dass sie als Schutz gegen Überschlag vorne noch ein ganzes Stück über den Propellerkreis hinausragen. Durch Betrachtung verschiedener Originale bietet sich eine Länge von zirka 70 bis 75 % der Rumpflänge für die Schwimmer an, um auch eine optische Harmonie zu erzielen.

Je länger die Nase eines Flugbootes vor dem Schwerpunkt ist, umso weniger neigt es zum Überschlag

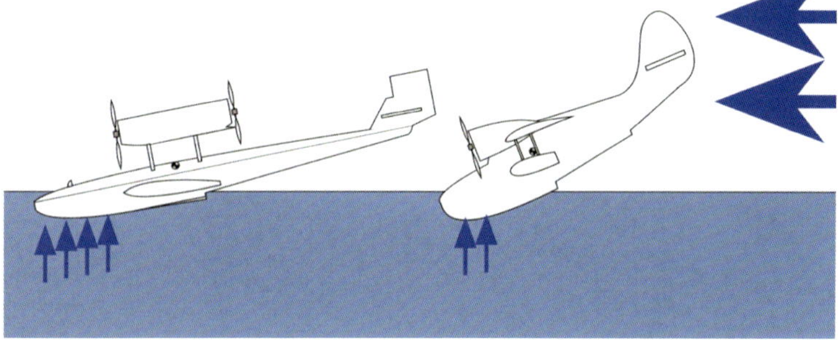

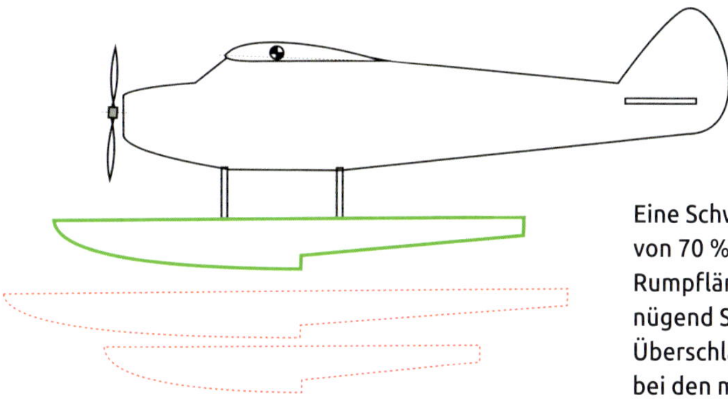

Eine Schwimmerlänge von 70 % bis 75 % der Rumpflänge bietet genügend Schutz vor Überschlägen und ist bei den meisten Vorbildern zu finden

Eine lange Nase, gemeint ist die Nase des Flugzeuges und nicht des Piloten, sowie ein niedriger Schwerpunkt schützen vor dem Umkippen

Hilmar-Schwimmer werden in fast allen Größen an vielen verschiedenen Modellen verwendet. Hier an der Parkzone Micro Piper mit 35 cm Spannweite

Tipp

Schwimmer zum Nachrüsten von Hilmar Lange. Auf www.vth.de gibt es unter Download-Pläne – Depron-Schwimmer für Parkflyer bis 500 g (FMT 09/2009) – einen kostenlosen Plan für Depron-Schwimmer. Diese Schwimmer zum Nachrüsten von Modellen aller Art erfreuen sich einer sehr hohen Beliebtheit. Ich habe die Schwimmer auch schon in verschiedenen Größen ausgedruckt und nachgebaut. Von ganz klein, aus 0,5-mm-Spalt-Depron für meine Micro Piper, bis zu größeren Schwimmern aus 6-mm-Depron und mit Oracover-Bespannung für meine Holz-Piper. Die Schwimmer sind schnell gebaut und funktionieren hervorragend. In kleinen Versionen kann auf die im Plan beschriebenen Holzteile verzichtet und die Schwimmer komplett aus Depron gebaut werden. Die Aufnahmen der Streben werden mit 0,5 mm dickem Leichtsperrholz verstärkt.

Eflite Piper L4 mit Hilmar-Schwimmern

5 Die Steuerung auf dem Wasser

5.1 Wasserruder

Zum Manövrieren auf dem Wasser gibt es verschiedene Optionen. Bei der Multiplex Funcub oder der Sebart Macchi MC72 ist vom Hersteller eine große Fahne am Heck vorgesehen, das Wasserruder. Doch was bringt ein Wasserruder wirklich? Dazu betrachten wir das manntragende Original einmal genauer. Bei echten Flugzeugen wird das Wasserruder verwendet, um mit abgeschaltetem oder niedrig drehendem Motor auf dem Wasser treibend die letzten Meter zum Steg manövrierfähig zu sein. Doch brauche ich ein Wasserruder beim Modell? Eines Vorweg: An meiner Funcub habe ich das Wasserruder nicht angebracht und auch noch nie vermisst. Um noch einen Schritt weiterzugehen: Bei meinem ersten Wal-Eigenbau, ein Dornier Wal mit 1,2 m Spannweite, war irgendwann die Anlenkung zum Wasserruder defekt und es stand permanent im 45-Grad-Winkel zur Seite ab. Diese Fehlfunktion hatte überraschenderweise keine störenden Auswirkungen.

Schauen wir uns die Funktion des Wasserruders einmal genauer an. Das Wasserruder wird in der Verdrängerfahrt benötigt. In der Gleitfahrt findet die Richtungssteuerung ausschließlich mit dem Seitenruder, unter Zuhilfenahme der Querruder für die Lagekontrolle um die Längsachse statt. Das Wasserruder sollte in Gleitfahrt nicht mehr im Wasser sein, da es die Gleitfahrt eher bremst und somit behindert. Bei manntragenden Schwimmerflugzeugen wird das Wasserruder für die Gleitfahrt nach oben geklappt.

In der langsamen Verdrängerfahrt hat das Wasserruder, welches zirka 5 % der Fläche des Seitenruders hat, wenig Wirkung im Vergleich gegen den Wind oder den Propellerstrahl, der auf das große Seitenruder wirkt. Hier wird die Wirkung des Seitenruders immer die Oberhand über das Wasserruder behalten. Es sei denn, das völlig unscale vergrößerte Wasserruder wird am hintersten Ende des Flugzeuges angebracht, wo es die maximale Hebelwirkung hat. Diese Lösung mit einer „Heckfahne" mag bei Zweckmodellen wie der Funcub zwar noch optisch o.k. sein, bei Semiscale-Modellen würde mich das allerdings stark stören.

5.2 Motor-Differenzierung

Bei Flugzeugen bei denen der Propellerstrahl direkt auf das Seitenruder trifft, kann durch dosiertes Gas geben sehr gut manövriert werden. Wichtig ist eine große Seitenruder-Fläche und entsprechend große Seitenruder Ausschläge. Bei zweimotorigen Flugzeugen mit nebeneinander angeordneten Motoren kann die Motorleistung getrennt für beide Seiten mit dem Seitenruder gemischt werden. Dadurch wird das Wenden auf der Stelle ermöglicht. Das funktioniert jedoch nur, wenn beide Motoren einen eigenen Regler haben, was heutzutage bei Brushless-Motoren meistens der Fall ist. Bei Modellen bei denen das Seitenruder nicht vom Propeller angeströmt wird und keine Motor-Differenzierung möglich ist, wird ein Wasserruder benötigt.

5.3 Wasserfahrt bei Seiten oder Rückenwind

Bei stärker werdendem Wind ist es selbstverständlich immer schwierig, in Rücken- oder Seitenwind-Richtung zu manövrieren und langsam zu fahren. Allerdings sollte man sich grundsätzlich überlegen, ob man es bei Wind schaffen will, das Modell in eine Rücken- oder Seitenwind-Position zu zwingen. Hierbei steigt das Risiko, dass der Wind das Modell auf den Rücken legt, enorm an. Letztendlich ist es ein teures Ausprobieren ab welcher Windstärke das Flugzeug auf den Rücken geworfen wird. Ich vermeide das Rollen auf dem Wasser bei Rückenwind generell. Wenn ich mal gezwungen bin, mit leichtem Rückenwind zu rollen, dann versuche ich schneller als der Wind zu sein. In diesem Fall bringe ich das Flugzeug auf Stufe und benötige dann auch kein Wasserruder, da mein Seitenruder seine volle Wirkung entfaltet. Dosiertes Beschleunigen erlaubt es mir auch bei Wind genau zu steuern. Solange ich schneller als der Wind bin, kann es mir das Flugzeug nicht umwerfen. Das ist jedoch nicht ohne Risiko! Wird das Flugzeug einmal zu langsam und durch den Wind hinten angehoben, dann taucht es mit der Nase ein, wird abgebremst und lässt sich mit abgesenkter, eventuell abgetauchter Nase nicht mehr beschleunigen. Schon liegt das Flugzeug auf dem Kopf. Ich fliege häufig und gerne bei starkem Wind. Es macht mir richtig Spaß, im starken Wind das Flugzeug über mir stehen zu lassen und hin und her zu „surfen“. Allerdings plane ich meine Landungen unter diesen Bedingungen so, dass ich möglichst wenig auf dem Wasser fahre. Bei auflandigem Wind fliege ich mit Seitenwind an und lande einfach so dicht am Steg, dass der Wind das Flugzeug innerhalb kurzer Zeit zu mir treibt. Bei parallelem Wind zum Strand lande ich dicht am Ufer und fahre dann mit spitzem Winkel schräg gegen den Wind an Land.

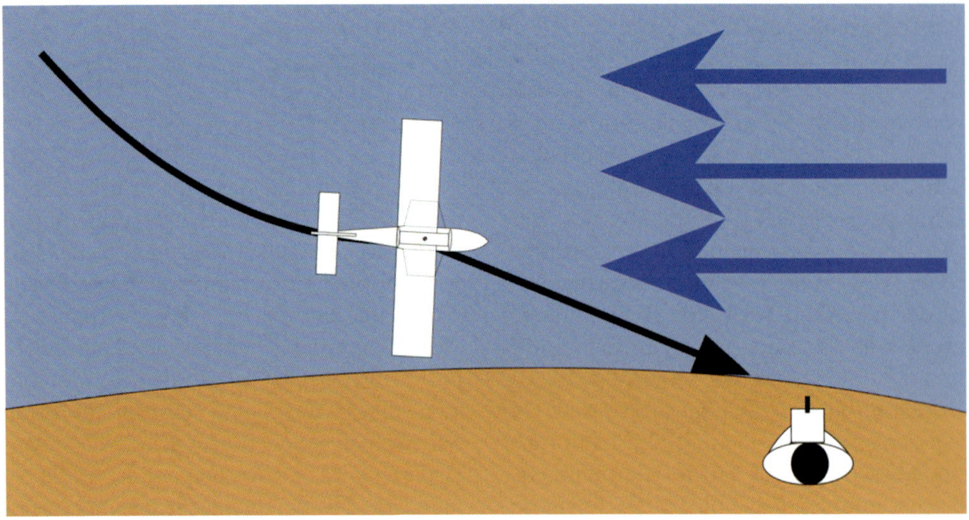

Landeanflug bei Ufer-parallelem Wind

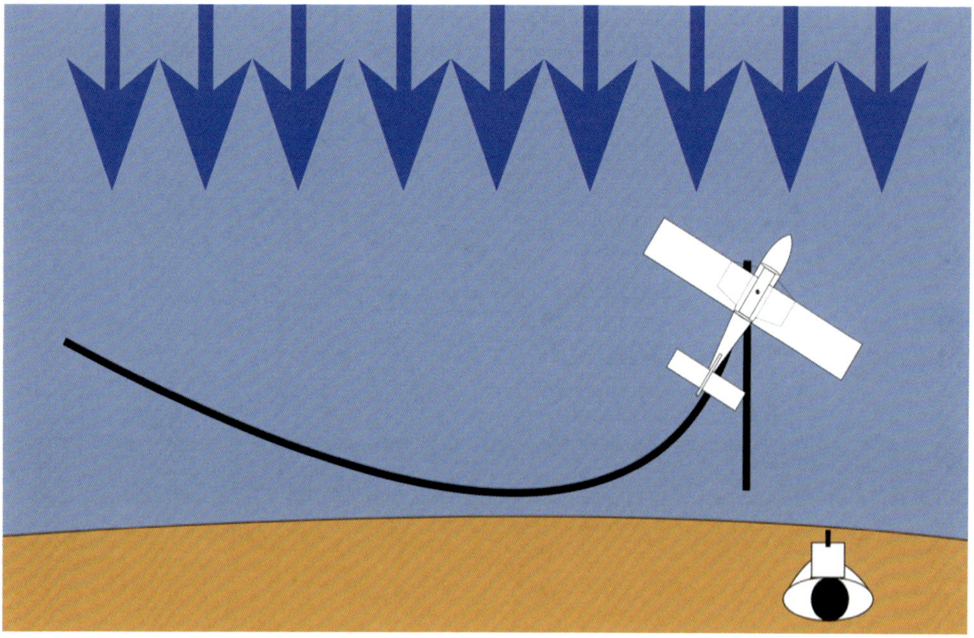

Landeanflug bei auflandigem Wind

5.4 Steuerung ohne Wasserruder

Bei all diesen Manövern ist ein Wasserruder nicht unbedingt nötig. Deshalb, und weil es einige der Vorbilder meiner Modelle wie der Amundsen Wal auch im Original nicht haben, habe ich zirka 90 % meiner Modelle ohne Wasserruder gebaut – und es nie vermisst. Im Gegenteil! Bei diversen Flugtagen konnte ich mit meinem Dornier Wal ohne Wasserruder, im Vergleich zu anderen Modellen mit Wasserruder, teilweise deutlich besser manövrieren. Für gute Manövrierfähigkeit viel wichtiger als ein Wasserruder, ist eine gute Stabilisierung und Gesamtkonstruktion. Wenn das Flugzeug stabil im Wasser liegt, nicht einseitig mit einer Tragfläche aufs Wasser gedrückt wird und in jeder Situation leicht angleitet, lässt es sich ausreichend präzise steuern. Vorbildgetreue Wasserruder stören oder verschlechtern die Eigenschaften normalerweise nicht, im Gegensatz zu den nicht vorbildgetreuen „Heckfahnen". Beim Anbringen des Wasserruders ist unbedingt darauf zu achten, dass es sich nur in Verdrängerfahrt im Wasser und in der Gleitfahrt vollständig außerhalb des Wassers befindet. Ist das Wasserruder in Gleitfahrt nicht außerhalb des Wassers, so wirkt es wie eine Bremse. Schönes langes Angleiten beim Start oder Ausgleiten bei der Landung ist fast nicht möglich. Im schlimmsten Fall, wenn es in Gleitfahrt eintaucht und viel Widerstand bildet wie bei meiner Sebart Machi MC72, fängt das Flugzeug heftig an zu wippen. Das Ruder taucht ein, wird durch die Geschwindigkeit und das Drehmoment wieder nach oben über Wasser gedrückt, taucht wieder ein und so weiter. Das führt bei diesem Modell zu einem sehr starken Wippen, was in Verbindung mit größeren Wellen sogar zum Überschlag führen kann. Bei der Landung mit hochgezogener Nase taucht das Wasserruder zuerst ins Wasser. Es wirkt wie ein Schleppanker am Heck und verhindert das langsame Ausgleiten. Allerdings wird es dadurch auch nicht springen.

Mein Fazit: Es geht bei den meisten Modellen auch ohne Wasserruder, bei manchen wie der Sebart Macchi stört es sogar in der Funktion gewaltig.

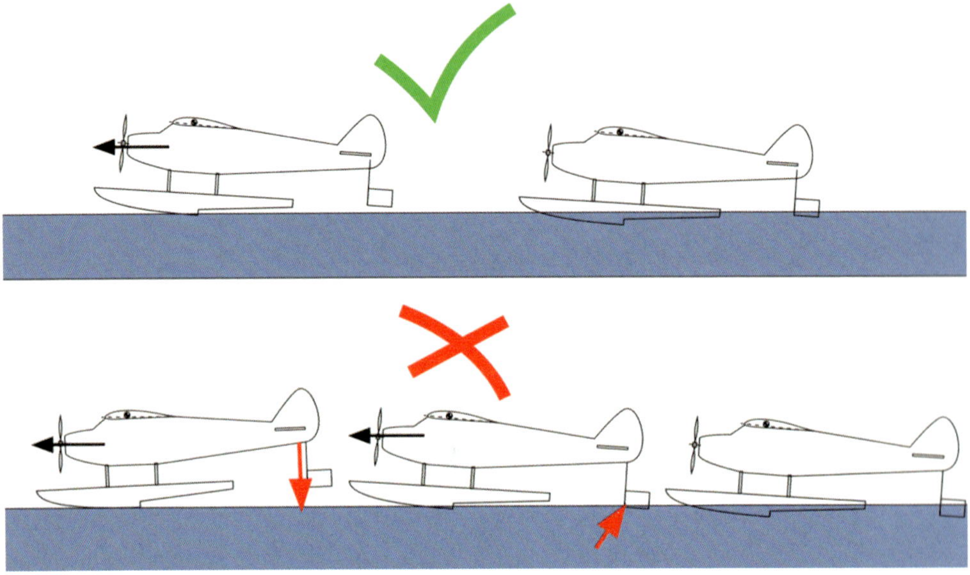

Das Wasserruder muss so eingestellt werden, dass es in Verdrängerfahrt im Wasser und in der Gleitfahrt außerhalb des Wassers ist. Berührt es während der Gleitfahrt das Wasser, kann ein gefährliches Wippen entstehen

Sebart Macchi ohne Wasserruder in voller Gleitfahrt. Die Macchi hat ohne Wasserruder deutlich bessere Gleiteigenschaften

Funcub bei starkem Wind vor Meersburg. Auch hier wird kein Wasserruder benötigt

Zweimotorige Flugzeuge können mit Motor-Differenzierung ohne Wasserruder fast auf der Stelle gewendet werden

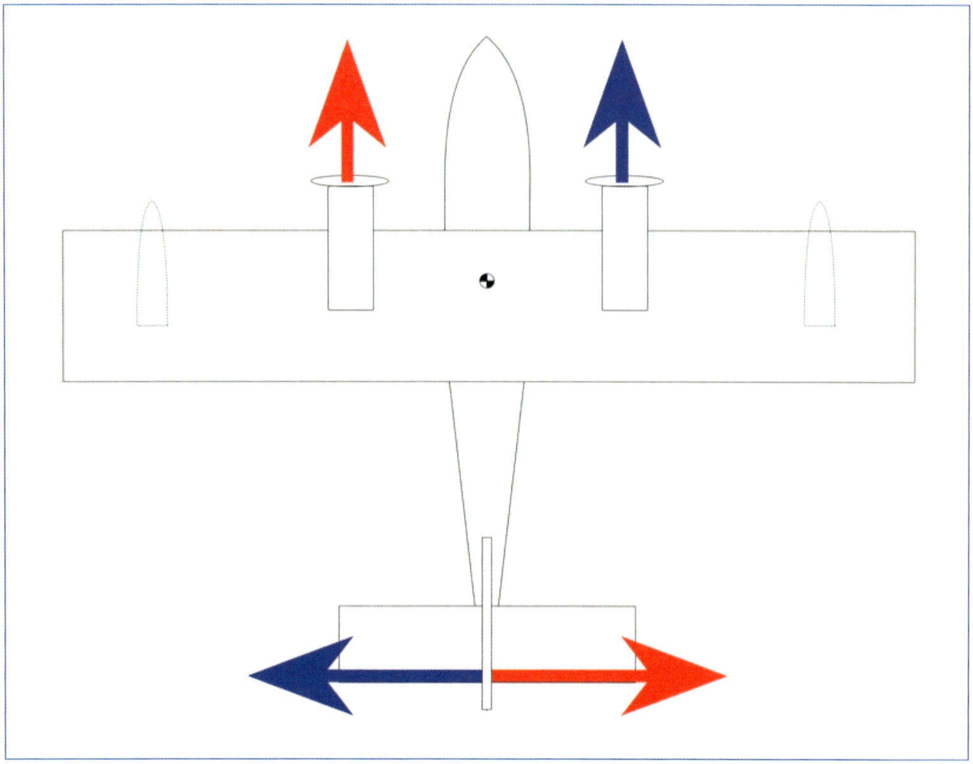

Mischereinstellungen für zweimotorige Flugzeuge: Es werden drei Mischer benötigt.

Motor A (Throttle Kanal)	wird permanent zu 100 % auf Motor B (Aux1 Kanal) gemischt
Mischer 2	mischt das Seitenruder negativ zirka 50 % auf Motor B
Mischer 3	mischt das Seitenruder positiv zirka 50 % auf Motor A
Mischer 2 und 3	werden zusammen durch einen Schalter aktiviert (bei mir Fahrwerk), sodass der Mischer im Flug deaktiviert werden kann

6 Stabilisierung um die Längsachse

Ebenso wichtig wie die Stufe ist speziell bei Flugbooten das Thema der Stabilisierung um die Längsachse auf dem Wasser. Die Stabilisierung um die Längsachse, seien es Stützschwimmer oder Dornier-Stummel, verhindert dass das Flugzeug in eine starke Schräglage kommt, danach eine Tragfläche das Wasser berührt und dort „festklebt". Eine starke Schräglage kann verursacht werden durch Seitenwind oder das Motordrehmoment. Eine Tragfläche vom Wasser zu lösen ist sehr schwer. Das Flugzeug will sich in diesem Moment durch das einseitige Bremsen nur noch im Kreis drehen und die Querruder sind aufgrund der geringen Geschwindigkeit wirkungslos. Wenn bei der Auslegung der Stützung etwas falsch gemacht wird, dann kann es sein dass es beim Erstflug gar nicht erst zum Test der Stufe und Gleiteigenschaften kommt, denn das Flugzeug legt sich beim Gas geben auf eine Seite, dreht sich dadurch im Kreis und schafft es nicht zu beschleunigen. Noch schlimmer, wenn die Stabilisierung bei Wind nicht ausreichend ist. Der Wind greift von der Seite unter die Tragfläche und das Flugzeug wird vielleicht sogar auf den Kopf geworfen. Im Idealfall sollte die Stabilisierung dem Seitenwind ausreichend entgegenwirken, so dass der Wind das Flugzeug mithilfe des Seitenleitwerks gegen den Wind ausrichtet. Eine schlechte Auslegung bedeutet, das Flugzeug wird bei Seitenwind mehr zur Seite gedrückt als gegen den Wind gedreht und verbleibt in dieser Seitenwindposition bis es umgeworfen wird.

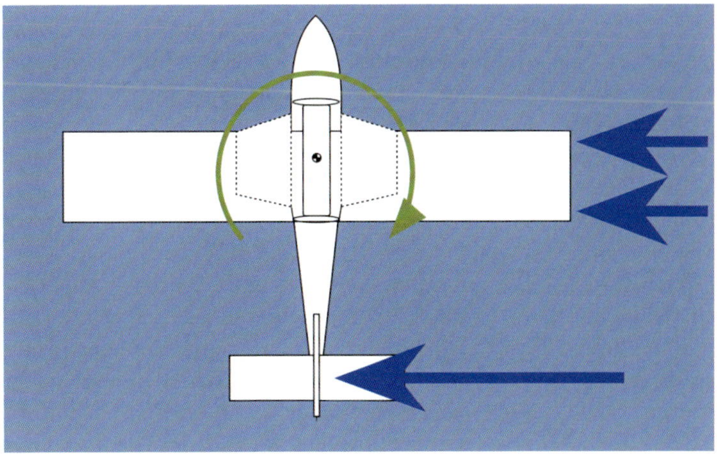

Bei Seitenwind muss die Kraft die durch den Wind auf das Leitwerk wirkt, stärker als die Kraft auf Tragfläche und Rumpf sein. Dadurch dreht sich das Flugzeug automatisch gegen den Wind in eine stabile Lage

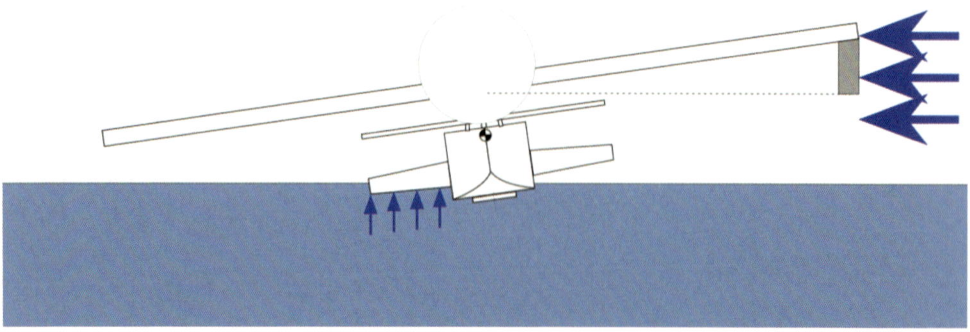

Wird das Flugzeug durch unzureichende Stabilisierung zu stark auf die Seite gedrückt, dann wird die Kraft die zuerst auf den Rumpf und dann auf die seitliche Angriffsfläche der Tragfläche wirkt, größer als die Kraft die auf das Leitwerk wirkt. Das Flugzeug dreht sich nicht gegen den Wind und wird im schlimmsten Fall umgeworfen

Deshalb will ich im folgenden Kapitel einige Möglichkeiten aufzeigen wie die Stabilisierung verbessert werden kann. Die Stabilisierung wird nur im Stand oder in langsamer Verdrängerfahrt benötigt. In dem Moment in dem das Flugboot auf Stufe kommt und die Querruder durch die höhere Fahrt wirksam werden, behindern die vorher stützenden Elemente nur noch und sie wären am besten nicht mehr vorhanden oder im Idealfall eingezogen. Deshalb ist es wichtig sicherzustellen, dass in Gleitfahrt ausreichend Abstand der Stützhilfe zur Wasseroberfläche vorhanden ist. Auch hier werde ich im Folgenden Möglichkeiten aufzeigen, wie der Abstand vergrößert werden kann ohne die Stützwirkung zu verlieren.

Bei Schwimmerflugzeugen mit zwei Schwimmern ist das folgende Kapitel nicht relevant, da die weit auseinander liegenden Schwimmer ausreichend Stabilität um die Längsachse geben. Hier kann als Richtwert ein Abstand der Schwimmer von zirka 25 % der Spannweite genommen werden, um eine ausreichende Stabilisierung zu erreichen. Schwimmerflugzeuge mit einem Zentralschwimmer benötigen ebenfalls Stützschwimmer und sind konstruktiv wie Flugboote anzusehen.

6.1 Stützschwimmer an den Tragflächen

Die vielleicht häufigste Art der Stabilisierung bei manntragenden Flugzeugen sind kleine Schwimmer unter den Tragflächen, welche die Tragfläche gegen das Wasser abstützen. Hierbei gibt es verschiedene Versionen mit einziehbaren Schwimmern (z. B. PBY Catalina), Schwimmern am Tragflächenende oder weiter innen am Rumpf (z. B. Grumman Goose, Dornier Do12). Bei manntragenden Vorbildern haben die einziehbaren Schwimmer die besten aerodynamischen Eigenschaften. Flugboote und Wasserflugzeuge gehören im Allgemeinen nicht gerade zu den aerodynamisch effizientesten Flugzeugen, da die Schwimmer, Stufen und Stummel den Luftwiderstand erhöhen. Allerdings kann uns das beim Modell relativ egal sein. Ob jetzt ein paar Milliampere mehr oder weniger aus dem Akku gezogen werden, ist bei unseren Modellen im Gegensatz zum Original, für die Betriebskosten nicht relevant. Schwimmer an den Tragflächen haben beim Modell verschiedene Nachteile. Wenn sie zu weit unten angebracht werden, behindern sie das Flugzeug im Geradeauslauf und das

Flugzeug neigt zum Ringelpietz. Oder im anderen Extrem stabilisieren sie zu wenig. Bei hohen Wellen ist die Wahrscheinlichkeit, dass ein Schwimmer in einer Welle hängen bleibt hoch, durch den großen Hebelarm zum Mittelpunkt dreht sich das Flugzeug dadurch aus der Richtung. Drei Faktoren beeinflussen die Wirksamkeit der Stützschwimmer maßgeblich: Die Größe, der Winkel und die Position.

6.1.1 Größe

Wird die Größe des Schwimmers oder das Volumen zu klein gewählt, dann liefert der Stützschwimmer zu wenig statische Auftriebskraft um gegen Seitenwind oder das Motordrehmoment wirksam zu sein. Ein einseitig tief im Wasser liegender Schwimmer kann einen Start unmöglich machen. Der Schwimmer benötigt Fahrt um dynamischen Auftrieb zu bekommen. Fahrt kann das Flugzeug aber nicht aufbauen, wenn ein Schwimmer einseitig bremsend tief im Wasser liegt. Das Flugzeug dreht sich im Kreis. Hier unterscheidet sich ein kleineres Modell auch vom manntragenden Vorbild. Beim manntragenden Vorbild hat der Pilot feinfühligere Möglichkeiten, das Flugzeug zu steuern und kleine Winkeländerungen zu fühlen, während der Modellpilot nur mit dem Auge arbeitet. Je kleiner das Modell wird, umso schwieriger sind feine Korrekturen möglich und Wind ist für ein kleines, leichtes Modell auf dem Wasser eben auch ein stärkerer Einfluss als für das Original. Für die Scale-Modellbauer unter uns bietet sich hier nicht viel Variationsmöglichkeit. Hier müssen eben entsprechende Nachteile in Kauf genommen werden, die umso geringer ausfallen je größer der Maßstab ist. Für Modellbauer, die es mit der Vorbildtreue nicht ganz so genau nehmen und die mehr Wert auf Funktionalität legen, empfiehlt es sich die Schwimmer etwas größer als beim Original zu bauen. Schwimmer sind normalerweise relativ leicht austauschbar. Es spricht also nichts dagegen, sich durch Tests an die minimale Größe heranzutasten. Zusätzlich zur Größe kommt es noch auf den Abstand der Schwimmer zum Rumpf an. Schwimmer die ganz außen an der Flügelspitze angebracht sind, haben durch den längeren Hebelarm eine stärkere Wirkung als Schwimmer, welche nahe am Rumpf ange-

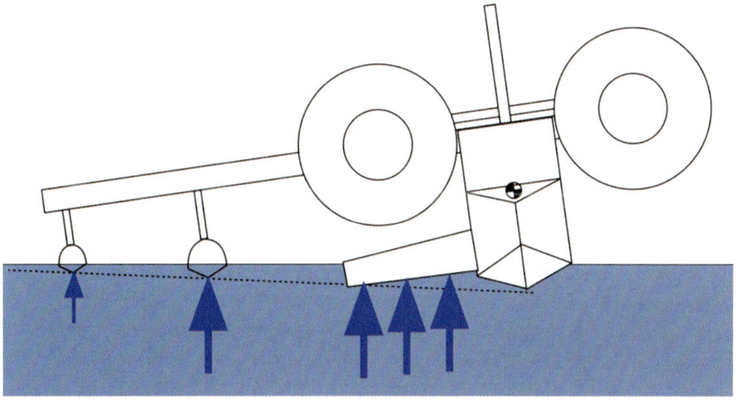

Aufgrund der Hebelverhältnisse muss ein Stabilisierungsschwimmer, der näher am Rumpf befestigt wird, ein größeres Volumen haben um dieselbe Stützwirkung zu erzielen, wie ein weiter außen liegender Schwimmer. Die drei im Bild gezeigten Varianten haben dieselbe Wirkung

bracht sind. Daher müssen Schwimmer mit zunehmender Nähe zum Rumpf ein größeres Volumen haben, um dieselbe Stützwirkung zu erzielen.

6.1.2 Winkel

Der Schwimmer muss wie der Rumpf auch, die Eigenschaft haben, bei zunehmender Geschwindigkeit ins Gleiten zu kommen. Bei manchen Flugzeugen mit längeren Schwimmern sieht man auch, dass der Schwimmer genau wie der Rumpf, eine kleine Stufe hat. Diese soll ein Lösen des Schwimmers von der Wasseroberfläche erleichtern, die Fläche die in Gleitfahrt das Wasser berührt vermindern und eine Drehneigung reduzieren. Bei kurzen Schwimmern ist diese Stufe nicht notwendig. Es gibt daher beide Bauformen. Wichtig um ins Gleiten zu kommen ist dabei der Anstellwinkel des Schwimmers, gemessen von der unteren hinteren Kante zur Schwimmernase. Der Anstellwinkel des Schwimmers muss hierbei gleich wie der Winkel des Rumpfes sein. Der Schwimmer muss schon ins Gleiten kommen, während sich der Rumpf noch in niedrigem Winkel in Verdrängerfahrt befindet.

6.1.3 Höhe

Die Anbringungshöhe trägt wesentlich zum Gelingen der Schwimmerkonstruktion bei. Leider hängt die Anbringungshöhe vom Gewicht des Modells in Relation zum tragenden Rumpfvolumen im Wasser ab – und ist deshalb je nach Modellgewicht unterschiedlich. Ich habe deshalb schon einige Konstruktionen gesehen, wo der Schwimmer in der Testphase höhenverstellbar war, um die optimale Position zu ermitteln. Das ist der Zeitpunkt, wo auch Scale-Modellbauer eventuell vom Original abweichen sollten, um brauchbare Ergebnisse zu erzielen. Ist der Schwimmer zu hoch angebracht, dann entfaltet er seine Stützwirkung erst bei starker Seitenlage. Bei starker Seitenlage erhöht sich aber auch die Windangriffsfläche der Tragfläche und der Schwerpunkt befindet sich weiter außerhalb der Rumpfauftriebslinie. Dadurch erhöht sich der Druck einseitig auf einen Schwimmer und es wird sehr schwierig, das Flugzeug in eine waagerechte Position zu steuern. Für alle die schon mal Motorrad gefahren sind, ein schweres Motorrad lässt sich leicht halten wenn es aufrecht gehalten wird. Sobald es zur Seite geneigt wird, ist es nicht mehr hal-

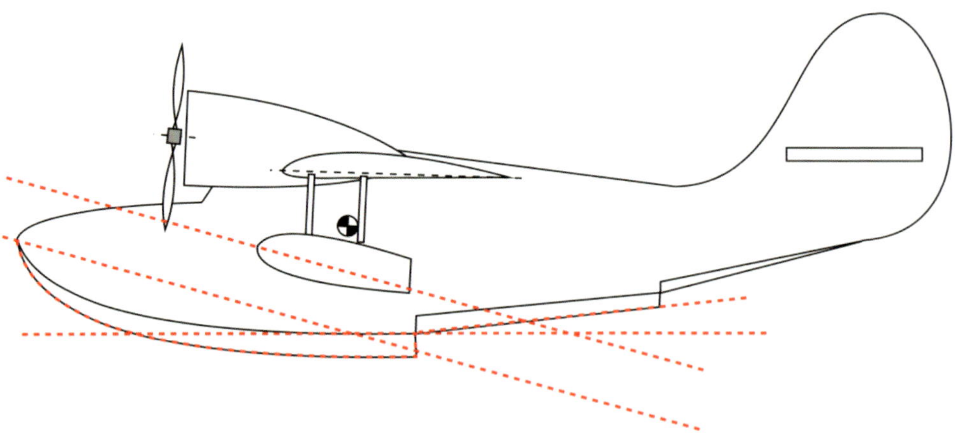

Stabilisierungsschwimmer müssen schon bei niedriger Geschwindigkeit aufgleiten, während sie im Idealfall bei höherer Geschwindigkeit das Wasser nur selten berühren

ten und es fällt um. Ist im Gegensatz dazu der Schwimmer zu weit unten angebracht, ist die Stützwirkung zwar optimal, das Flugboot kann sich gar nicht erst weit zur Seite neigen. Allerdings tritt in Gleitfahrt das Problem auf, dass der niedrig angebrachte Schwimmer bei jeder kleinen Welle das Wasser berührt, was die Fahrt bremst oder zum Ringelpietz führt. Richtig angebracht hält der Schwimmer das Flugboot nahezu waagerecht im Stillstand und hat genügend Abstand zur Wasseroberfläche in Gleitfahrt.

Je größer das Modellgewicht ist, umso größer wird dieser Unterschied zwischen Ruhelage und Gleitfahrt ausfallen. Ein schweres Modell liegt in Ruhelage tief im Wasser, daher kann der Schwimmer hoch angebracht werden. In Gleitfahrt kommt es weit aus dem Wasser heraus und der Schwimmer hat einen großen Abstand. Das ist jetzt aber kein Grund schwer zu bauen, es gibt noch andere Möglichkeiten einen großen Unterschied im Tiefgang zwischen Ruhelage und Gleitfahrt zu erreichen.

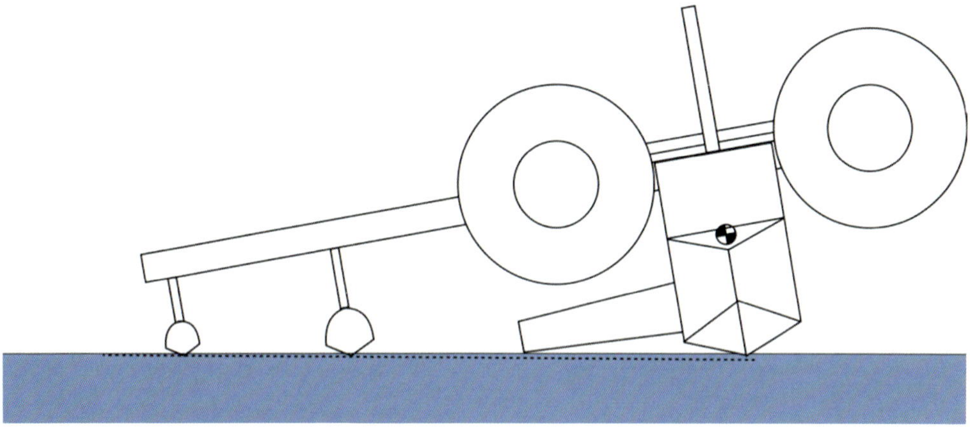

Die Anbringungshöhe der Schwimmer ist abhängig vom Abstand zum Rumpf

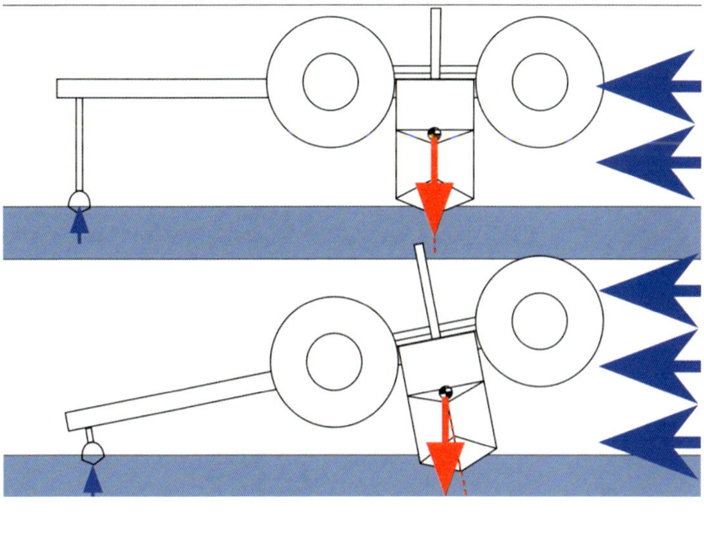

Ein hoch angebrachter Schwimmer erleichtert die Kurvenfahrt im Gleiten und verhindert ungewollte Drehungen, da der Schwimmer mehr Sicherheitsabstand zum Wasser hat. Allerdings erhöht ein hoch angebrachter Schwimmer die mögliche Seitenneigung im Stand und damit die Windangriffsfläche an der Tragfläche

Bei dieser Puddle Twin sind die Schwimmer sehr hoch angebracht, um das Gleitverhalten zu verbessern

6.2 Dornier-Stummel

Für mich persönlich die beste Methode der Seitenstabilisierung, sind die Stummel á la Dornier. Im Original hatten die alten Dornier-Flugboote einen legendären Ruf, was die Seetüchtigkeit und Zuverlässigkeit in extremen Bedingungen angeht und wurden so oft wie kein anderes Flugzeug für extreme Expeditionen und zur Seenotrettung eingesetzt. Besonders bekannt sind die Nordpol-Expedition von Roald Amundsen oder der Südamerikaflug von Ramón Franco, ein Jahr bevor Charles Lindbergh mit der Spirit of St. Luis über den Atlantik flog. Später haben Dornier-Flugboote vom Typ Do24 bis in die 70er-Jahre ihren Dienst in der Seenotrettung erfüllt. Genau wie beim Original, sind die guten Eigenschaften auch auf das Modell übertragbar. Ich fliege vor allem am Bodensee, wo glattes Wasser eine Seltenheit ist und Wellen an der Tagesordnung sind. Da optimal ausgelegte Flugboote mit Dornier-Stummeln nicht einhaken und nicht zum Ringelpietz neigen, sind sie meine bevorzugte Wahl, um auf dem Bodensee zu fliegen. Wodurch kommen diese guten Eigenschaften zustande? Die Dornier-Stummel sind sehr nahe am Rumpf angebracht, so dass kein großes Drehmoment entsteht und beide Stummel aller Wahrscheinlichkeit nach dieselbe Welle abbekommen. Der Ringelpietz bleibt aus. Wenn die Stummel auf das Wasser aufkommen, haben sie eine große Fläche, welche mehr zum Auftrieb als zur Drehung führt. Allerdings kann auch hier einiges falsch gemacht werden. Es gelten, wie bei den Schwimmern zuvor beschrieben, die drei Faktoren für die Wirksamkeit und Funktion der Stummel: Die Größe, der Winkel und die Position.

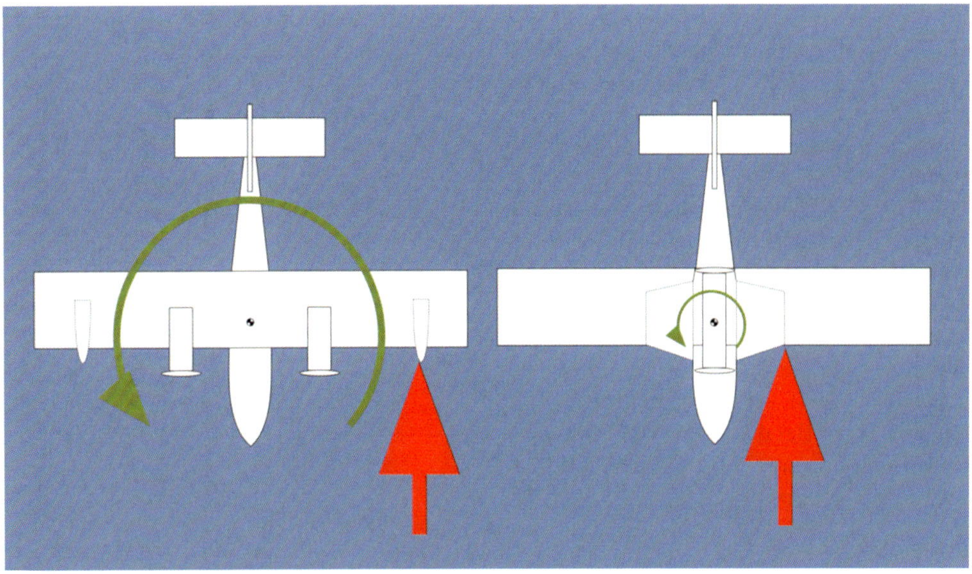

Weit außen an der Tragfläche angebrachte Schwimmer verursachen, wenn sie eine Welle erwischen, eher eine Drehung als nah am Rumpf angebrachte Stummel

Ein durch Dornier-Stummel stabilisiertes Flugboot, hier der Dornier Wal, kann auch bei schlechteren Wasserverhältnissen mühelos starten und landen

6.2.1 Größe

Hierbei kann man sich an das Original halten, ohne irgendwelche für das Modell spezifische Anpassungen. Bei einer Eigenkreation gilt als grober Daumenwert: Ein Stummel hat als Länge ungefähr die Breite des Rumpfes. Bei Nachbauten von echten Flugzeugen kann diese Regel etwas abweichen. Bei meinem 1:11-Dornier-Wal-Modell hat der Rumpf eine maximale Breite von zirka 21 cm und ein Stummel zirka 17 cm. Bei einem Dornier Delphin, mit einem sehr schmalen Rumpf, ist das Verhältnis gerade anders herum. Bei den originalen Stummeln finden sich Spannweiten zwischen 28 % bis 38 % der Flügelspannweite.

6.2.2 Winkel

Hierbei spielt nicht nur der Winkel in der Längsrichtung eine Rolle, sondern auch in der Querrichtung. In der Längsrichtung gilt die gleiche Regel wie bei den Schwimmern. Der Anstellwinkel, von der hinteren unteren Endkante zur Nasenleiste gemessen, ist ähnlich wie der Anstellwinkel des Rumpfes, um in der Verdrängerfahrt einen möglichst guten dynamischen Auftrieb zu erzeugen.

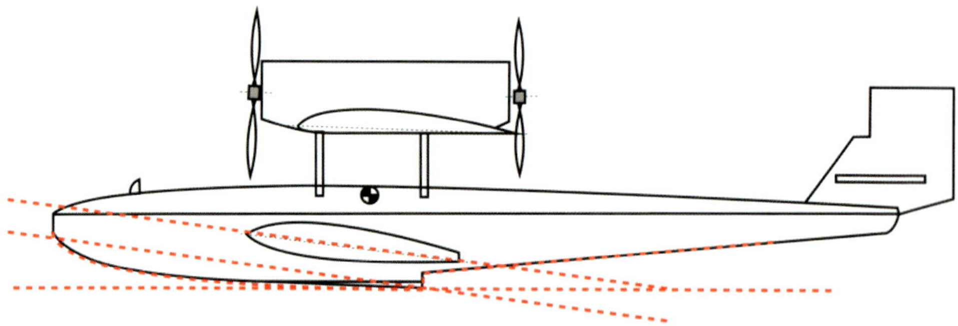

Die Stummel müssen bei langsamer Fahrt genügend Anstellwinkel haben um Auftrieb zu erzeugen

Um ein möglichst harmonisches Kurvenfahrtverhalten zu erzielen, kann es empfehlenswert sein, den Stummel mit etwas V-Form anzubringen. Die Stärke der V-Form hängt in erster Linie vom Tiefgang des Modells im Stand ab und wie tief die Stummel angebracht werden müssen. Sind bei einem schweren Modell mit viel statischem Tiefgang die Stummel eher hoch angebracht, dann stören sie in der Gleitfahrt nicht, denn sie haben genügend Abstand zum Wasser. Bei einem leichten Modell mit tief angebrachten Stummeln, können die Stummel in einer Kurve in Gleitfahrt mit dem äußeren Ende das Wasser berühren und zum Ringelpietz führen. Etwas V-Form verhindert das.

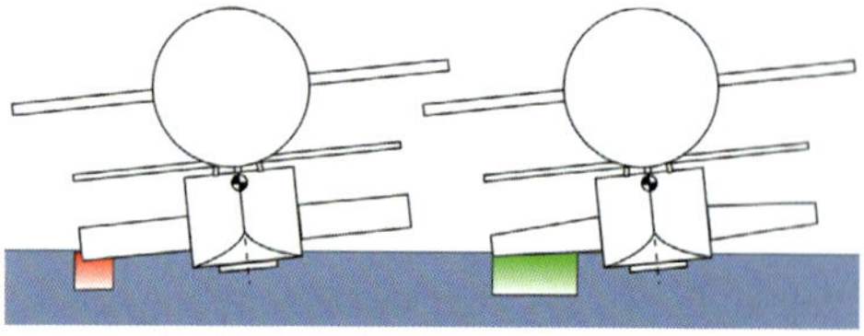

Stummel mit einer leichten V-Form ermöglichen harmonischere Kurven in Gleitfahrt

6.2.3 Position

Die vertikale Position der Stummel hängt in erster Linie vom Tiefgang, daher vom Modellgewicht in Relation zum Rumpfvolumen ab. Als Regel gilt hier, dass die Stummel hinten satt im Wasser liegen müssen, im Idealfall berührt die obere hintere Kante des Stummels die Wasseroberfläche. Die Nasenleiste des Stummels sollte hingegen deutlich weiter oben liegen, sodass der Stummel dynamischen Auftrieb erzeugt und nicht unterschneidet. Sind die Stummel an der Hinterkante zu hoch angebracht, dann setzt die Stützwirkung zu spät ein. Der Stummel beginnt erst Auftrieb zu erzeugen wenn das Modell bereits eine starke Schräglage hat. Dadurch erhöht sich wiederum die Windangriffsfläche der nach oben ragenden Tragfläche bei Seitenwind, der Schwerpunkt ist zu weit aus dem Lot und der Stummel ist fast nicht wirksam. Wenn der Stummel in der waagerechten Lage bereits satt im Wasser liegt, kommt es gar nicht erst zu einer Schräglage. Ist der Stummel zu weit unten angebracht, dann verursacht er einen erhöhten Widerstand beim Beschleunigen, was bei genügend Motorleistung weniger ins Gewicht fällt. Allerdings berührt ein zu niedrig angebrachter Stummel in der Innenkurve früher das Wasser, was wiederum zum Ringelpietz führen kann, wenn nicht wie vorher beschrieben mit einer leichten V-Form ein harmonisiertes Kurvenverhalten erzielt wird.

6.3 Selbstlenzende Flutkammer

Bei einem Modellflugzeug ist das Bestreben so leicht wie möglich zu bauen, um möglichst gute Flugeigenschaften zu erzielen. Wenn das Modell im Wasser liegt, ist mehr Gewicht allerdings von Vorteil. Ein im Wasser liegendes schweres Flugzeug lässt sich präziser steuern und ist weniger windanfällig. Da der Rumpf tief im Wasser liegt, kann der Schwimmer oder Stummel höher angebracht werden, sie liegen trotzdem satt im Wasser und erzielen eine hohe Stützwirkung. Dadurch erreichen die Stabilisierungshilfen in Gleitfahrt einen sicheren Abstand von der Wasseroberfläche und haben weniger Störeinflüsse.

Also haben wir hier zwei komplett gegensätzliche Forderungen: In der Luft soll das Modell leicht sein, im Wasser schwer. Scheinbar unmöglich, aber einfach erreich-

Die Stummel der echten Do24 liegen im Ruhezustand mit der Hinterkante komplett im Wasser. Dadurch wird eine optimale Stabilisierung erreicht. Im Seenotrettungseinsatz konnten Schlauchboote von hinten auf die Stummel anlanden

Tipp

Ich bringe die Stummel immer als letzten Bauschritt nur leicht verklebt an. Die endgültige Verklebung findet nach umfangreichen Tests auf dem Wasser statt. Die ersten Tests führe ich ohne Tragflächen durch. Durch den Test ohne Tragfläche kann der Rumpf erst einmal optimiert werden. Erst nach den ausführlichen Tests lässt sich die endgültige Position der Stummel mit Sicherheit bestimmen.

bar durch einen kleinen Trick. Der untere Teil des Rumpfes wird im Inneren mit einem Deckel versehen und vom oberen Teil dicht abgetrennt. Die Stufe erhält Löcher in die untere Kammer, durch welche das Wasser ein- und abfließen kann. Jetzt muss nur noch für die Belüftung gesorgt werden, sodass sich in der Kammer keine Luftblase bildet. Fertig ist die selbstfüllende und entleerende Flutkammer, die dafür sorgt, dass das Modell schwer und tief im Wasser liegt und leicht fliegt. Ich habe dieses Prinzip das erste Mal bei einem Modell von Dieter Waddle gesehen und verwende diese Flutkammer inzwischen bei allen meinen Eigenkonstruktionen. Die Ergebnisse sind hervorragend. Die Modelle liegen auch bei Wind stabil im Wasser und lassen sich sehr gut manövrieren. Bei einigen sehr leicht gebauten Modellen bin ich sogar so weit gegangen, dass die Flutkammer so groß ist sodass sie erst deutlich oberhalb der erwünschten Wasserlinie endet. Dadurch würde das Modell viel zu tief einsinken, wären da nicht die Stummel, welche genügend Auftrieb erzeugen um das Modell in der richtigen Wasserlage zu halten. Dadurch schwimmt das Modell weniger auf dem Rumpf als auf den Stummeln und hat ähnlich wie ein Katamaran sehr stabile Schwimmeigenschaften. Die geflutete Kammer ermöglicht auch bei leichten Modellen eine Anbringung der Stummel oder Schwimmer in derselben Position, wie beim Original. Ohne die Flutkammer müssten bei leichten Modellen die Stummel oder Schwimmer deutlich tiefer als beim Original angebracht werden, um eine stabilisierende Wirkung zu erreichen.

Die Notwendigkeit einer Flutkammer hängt allerdings vom Modellgewicht ab. Ein zusätzlicher Ballast im Wasser ist nur nötig, wenn das Modell im Verhältnis zum Auftrieb des Rumpfes zu leicht ist. Wenn das Modell, durch die Bauweise bedingt, ein höheres Gewicht hat, dann ist diese Maßnahme eventuell nicht nötig. Allerdings lässt sich das im Voraus nicht immer sagen. Daher ist es im Zweifel sinnvoll, die Flutkammer einzubauen, und falls sie benötigt wird, die verschlossenen Öffnungen nachträglich zu öffnen. Eine Kammer nachträglich einzubauen ist praktisch unmöglich.

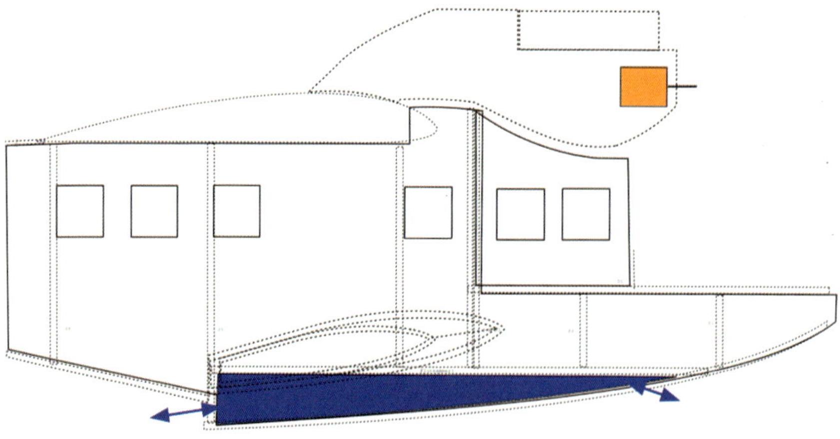

Der blau markierte Bereich bezeichnet die Flutkammer bei dem von mir konstruierten Dornier Delphin Modell (Download-Plan auf www.vth.de). Durch die Höhe der Flutkammer liegt das Modell für eine optimale Stabilisierung satt auf den Stummeln auf

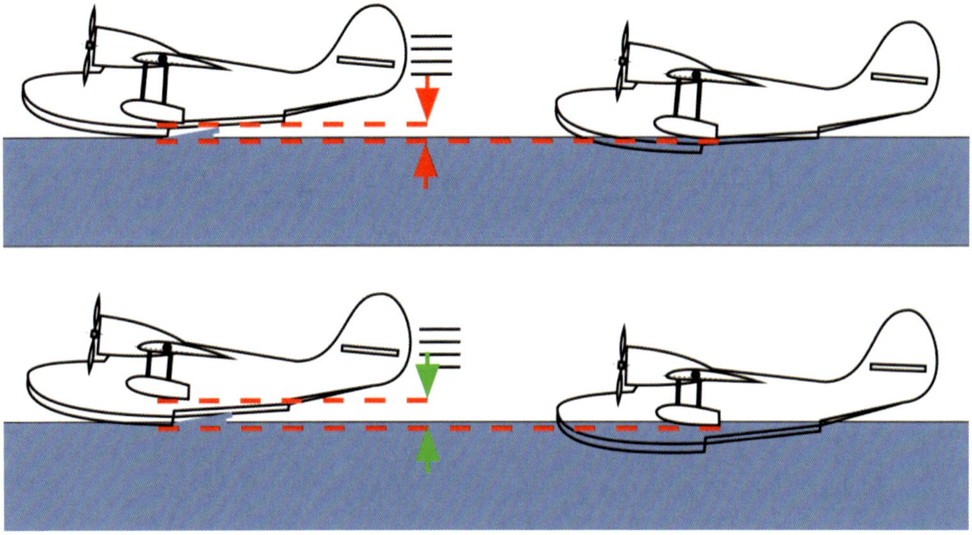

Ein höheres Modellgewicht hat auf dem Wasser den Vorteil, dass der Unterschied in der Wasserlinie zwischen Stillstand und Gleitfahrt größer ist und dadurch die Stabilisierungshilfen höher angebracht werden können. Derselbe Effekt wird auch mit einer Flutkammer erreicht

Dornier-Wal-Bausatz von Scale-Parkflyer: Ich und weitere vier Modellbauer haben die ersten Bausätze als Tester zu Modellen mit einem Abfluggewicht von 750 g bis zu 1.500 g gebaut. Bei meinem 750 g schweren Wal wäre die Flutkammer besser noch etwas größer gewesen. Ich musste die Stummel weiter unten anbringen und hatte dadurch ein schlechteres Kurvenfahrverhalten. Bei dem 1.500 g schweren Wal, wie auf dem Bild zu sehen, musste als Gegensatz zu meinem Wal die Kammer geschlossen werden, da er zu tief im Wasser lag und nicht auf Stufe gekommen ist

7 Grundlagen der Geometrie von Flügeln und Motoren

Wir haben bereits gesehen, dass die Konstruktion eines Wasserflugzeuges andere Herausforderungen bereithält als die Konstruktion eines Landflugzeuges. So auch bei der Festlegung des Winkels der Tragfläche im Vergleich zum Rumpfboden oder den Schwimmern. Bei einem Landflugzeug kann man, so lange der Winkel von Tragfläche in Relation zum Leitwerk stimmt, nicht allzu viel falsch machen. Im schlimmsten Fall ist es bei einem Landflugzeug optisch unschön, wenn das Heck im Flug nach unten hängt oder es so aussieht als ob die Nase immer nach unten zeigt. Bei Start und Landung können kleinere Fehler in der Konstruktion immer noch über das Fahrwerk ausgeglichen werden. Bei einem Wasserflugzeug geht das allerdings nicht. Deshalb sind diese Konstruktionselemente ein weiterer entscheidender Faktor dafür, ob das Flugzeug überhaupt startet und in die Luft kommt und wie gut es landet.

7.1 EWD und Schwerpunkt

Die EWD, die Einstell-Winkel-Differenz oder der Winkel der Tragfläche in Relation zum Höhenleitwerk, ist ein Thema welches nicht wasserflugspezifisch ist, sondern für alle Flugzeuge gilt. Der Vollständigkeit halber und als Vorbereitung für das nächste Kapitel möchte ich das Thema kurz darstellen.

Die Stabilität eines Flugzeuges gegen Störungen, oder anders ausgedrückt wie „ruhig“ oder „giftig“ ein Flugzeug fliegt und beispielsweise auf Windböen oder Lastwechsel des Motors reagiert, hängt im Wesentlichen von der Lage des Schwerpunktes ab. Der eigentliche Auftrieb einer Tragfläche liegt normalerweise hinter dem gewählten Schwerpunkt. Wenn der Schwerpunkt vor dem Auftriebspunkt der Tragfläche liegt, ergibt sich aus den Kräften ein Drehmoment welches bewirken würde, dass die Nase nach unten geht. Zur Erzeugung einer Kraft die diesem Drehmoment entgegenwirkt, wird das Höhenleitwerk so angestellt, dass es Abtrieb erzeugt. Durch diesen Abtrieb wird das Drehmoment, welches durch den vor dem Auftrieb liegenden Schwerpunkt erzeugt wird, kompensiert und das Flugzeug fliegt geradeaus (siehe Grafik). Daher besteht auch immer ein Zusammenhang zwischen Lage des Schwerpunktes und der Größe des EWD-Winkels. Der Schwerpunkt wird für das Flugzeug festgelegt und der genaue Ausgleich wird meistens durch Trimmung des Höhenruders, was einer EWD-Änderung gleich kommt, eingestellt.

Doch wozu dieser ganze Aufwand? Warum wird der Schwerpunkt nicht einfach auf den Auftriebspunkt gelegt und das Leitwerk neutral ausgerichtet? Das wäre doch viel einfacher. Die Antwort liegt in der Empfindlichkeit gegenüber Störeinflüssen. Störeinflüsse können Windböen sein oder auch Lastwech-

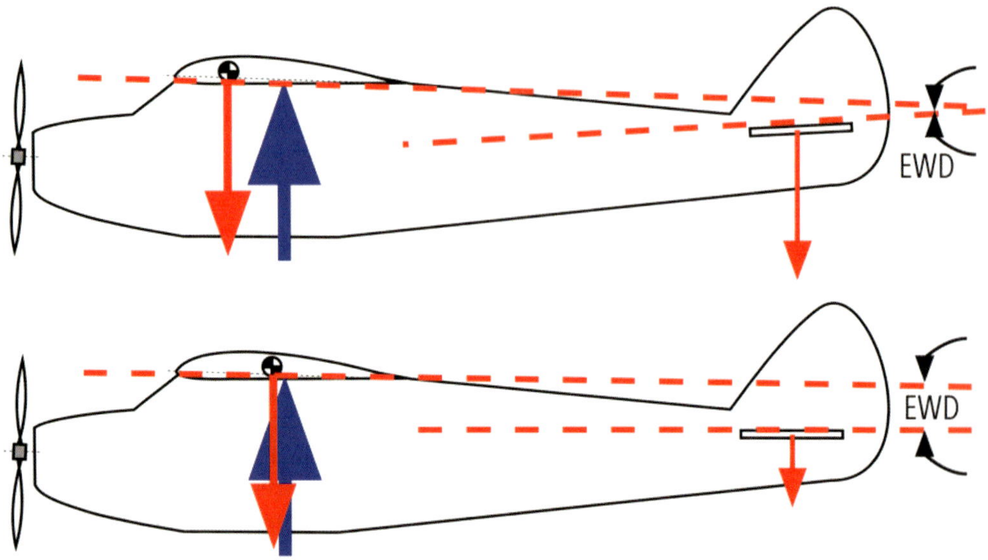

Je näher der Schwerpunkt am Auftriebspunkt ist umso weniger EWD wird als Gegenwirkung benötigt

sel des Motors. Wenn zum Beispiel im Flug beim Landeanflug die Motorleistung reduziert wird, kann das bei einem nicht optimal eingestelltem Motorsturz einen Einfluss darauf nehmen, ob das Flugzeug die Nase hoch oder runter nimmt.

Nimmt das Flugzeug die Nase durch eine Störung beliebiger Art nach unten, so erhöht sich die Geschwindigkeit und das Höhenruder erzeugt mehr Abtrieb. Die Nase geht wieder nach oben und die Störung ist ausgeglichen.

Nimmt das Flugzeug umgekehrt die Nase durch eine Störung beliebiger Art nach oben, so vermindert sich die Geschwindigkeit und das Höhenruder erzeugt weniger Abtrieb. Die Nase geht wieder nach unten und die Störung ist ausgeglichen.

Es gilt: Je weiter der Schwerpunkt vor dem Auftriebspunkt liegt, umso weniger empfindlich ist das Modell gegenüber Störeinflüssen. Wodurch kommt das? Als Beispiel kann man hier einen Hochseil-Artisten nehmen. Es ist sehr schwer auf einem Seil zu balancieren. Es wird aber deutlich einfacher, wenn man eine lange durchhängende Stange in den Händen hält, die den eigenen Schwerpunkt weit nach außen und unten verteilt. Genau so verhält es sich bei dem Flugzeug. Je weiter Schwerpunkt und Auftriebspunkt auseinander liegen, umso stabiler ist der Flugzustand.

Diese Stabilität ist nicht immer erwünscht. Bei Kunstflugmaschinen oder Kampfjets ist weniger Eigenstabilität erwünscht, um das Flugzeug agil und wendig zu halten. Hier wird oft mit nahezu 0° EWD gearbeitet und der Schwerpunkt liegt nahe dem Auftriebspunkt. Bei gemütlichen Scale-Fliegern ist hingegen ein stabiles Flugverhalten gewünscht, das einem erlaubt realitätsnah zu fliegen.

Jetzt könnte daraus gefolgert werden, dass der Schwerpunkt am Besten möglichst weit vorne liegt, sodass sich ein super-stabiles Flugverhalten ergibt. Dadurch ergeben sich allerdings zwei große Nachteile!

7.1.1 Überkompensieren

Ein weiter nach vorne gelegter Schwerpunkt bedingt eine Erhöhung der EWD um das „Nase-nach-unten"-Drehmoment zu kompensieren und mehr Abtrieb am Höhenleitwerk zu erzeugen. Aber was passiert bei einer Geschwindigkeitsänderung?

Ich trimme als Grundvoraussetzung das Flugzeug bei einer mittleren Geschwindigkeit auf Geradeausflug. Dann erhöhe ich die Geschwindigkeit. Durch die Erhöhung der Geschwindigkeit erzeugt das Höhenleitwerk mit dem erhöhten EWD jedoch mehr Abtrieb als nötig und überkompensiert die Störung/Geschwindigkeitsänderung. Das Flugzeug wird die Nase stark nach oben nehmen und der Pilot muss stark nach unten drücken. Im Gegenteil dazu wird das Flugzeug, wenn ich Fahrt rausnehme, stark die Nase runternehmen, denn das Abtrieb erzeugende Höhenleitwerk wird nicht mehr genug Abtrieb erzeugen und das Flugzeug wird durchsacken.

7.1.2 Langsamflug-Eigenschaften und Schwerpunktlage

Ein weit nach vorne gelegter Schwerpunkt bedingt eine Erhöhung der EWD und damit eine Erhöhung der Kraft nach unten am Höhenleitwerk. Damit erhöhe ich das tatsächliche Gewicht des Flugzeuges, denn diese Kraft nach unten muss durch einen höheren Auftrieb an der Tragfläche, und damit eine höhere Geschwindigkeit, kompensiert werden. Ich erhöhe die benötigte minimale Geschwindigkeit und verschlechtere die Langsamflug-Eigenschaften.

Deshalb sollte die Lage des Schwerpunktes für ein stabiles Flugverhalten üblicherweise bei 25 % bis 30 % der Flächentiefe gewählt werden und die Größe der EWD entsprechend durch das Trimmen angepasst werden.

Die Lage des Schwerpunktes sollte beim Einfliegen des Modells getestet werden. Leider kann nicht einfach mehr Gas oder

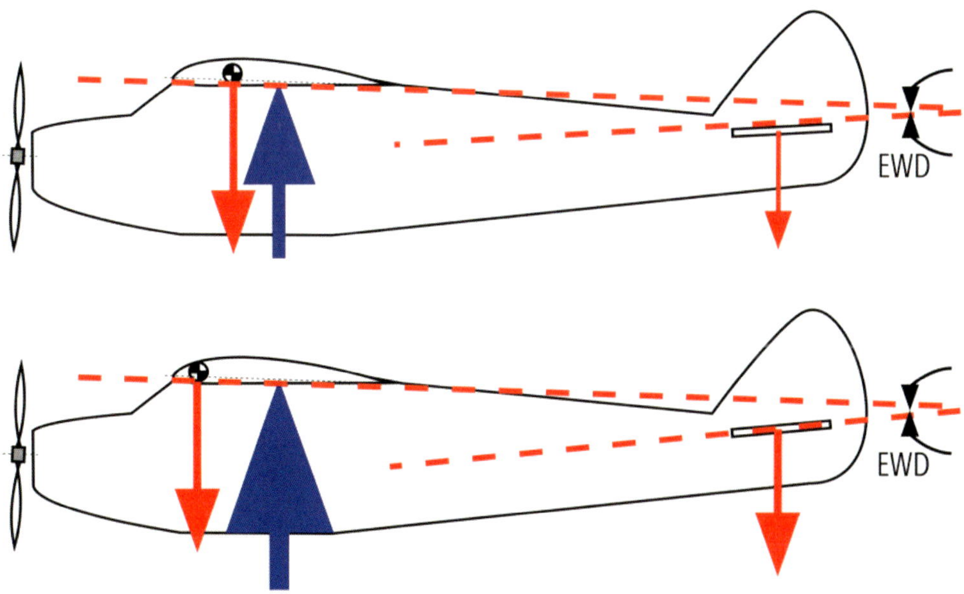

Ein weit nach vorne gelegter Schwerpunkt erfordert einen höheren Auftrieb an der Tragfläche, um den erhöhten Abtrieb am Höhenruder auszugleichen. Die Langsamflug-Eigenschaften werden schlechter. Üblich ist eine Schwerpunktlage bei 25 % bis 30 % der Tragflächentiefe

weniger Gas gegeben werden, um das Verhalten zu testen. Die Ausrichtung des Motors ist, wie später noch beschrieben wird, ein weiterer Störeinfluss welcher das Verhalten beeinflusst. Und wenn sich beide Effekte überlagern, wird es schwierig die richtigen Folgerungen zu ziehen.

Der übliche Test zur Bestätigung der Schwerpunktlage, auch „Anstech-Test“ genannt:

- Mit dem Flugzeug auf eine großzügige Sicherheitshöhe gehen
- Das Flugzeug bei normaler Reisegeschwindigkeit auf neutral trimmen
- Das Flugzeug im 45°-Winkel nach unten „anstechen“ ohne die Gas-Stellung zu verändern, um Einflüsse des Motorsturzes auszuschließen
- Beobachten, ob sich das Flugzeug bei erhöhter Geschwindigkeit abfängt oder nicht

Jetzt gilt es nur noch die richtige Folgerung aus dem Test zu ziehen, ich habe bei Modellflugkameraden schon erlebt, dass genau die gegenteiligen Folgerungen gezogen wurden. Deshalb hier noch die entsprechenden Ergebnisse:

- Das Flugzeug fängt sich in einer harmonischen Kurve ab und fliegt in einem konstanten Gleitwinkel weiter: Gratulation – der Schwerpunkt und die EWD stimmen!
- Das Flugzeug fängt sich zu stark ab, verliert Fahrt, fällt nach unten und fängt wieder zu stark ab, das Flugzeug „pumpt“: Hier wird oft vermutet dass das Flugzeug hecklastig ist, aber das Gegenteil ist der Fall. Der Schwerpunkt ist zu weit vorne, die EWD zu hoch eingestellt. Durch die erhöhte Geschwindigkeit beim Anstechen überkompensiert das Höhenleitwerk und das Flugzeug „pumpt“. In diesem Fall den Schwerpunkt etwas nach hinten versetzen, weniger EWD trimmen und nochmals testen.
- Das Flugzeug fängt sich gar nicht ab sondern geht in einer geraden Flugbahn nach unten: Für Warbirds und Kunstflugmaschinen ist das perfekt. Für gemütliche Modelle ist der Schwerpunkt zu weit hinten und das Flugzeug hat zu wenig EWD. Das Flugzeug ist nicht in der Lage die Störung, hier die Geschwindigkeitsänderung, selbstständig auszugleichen. In diesem Fall den Schwerpunkt etwas nach vorne versetzen, mehr EWD trimmen und wieder testen.

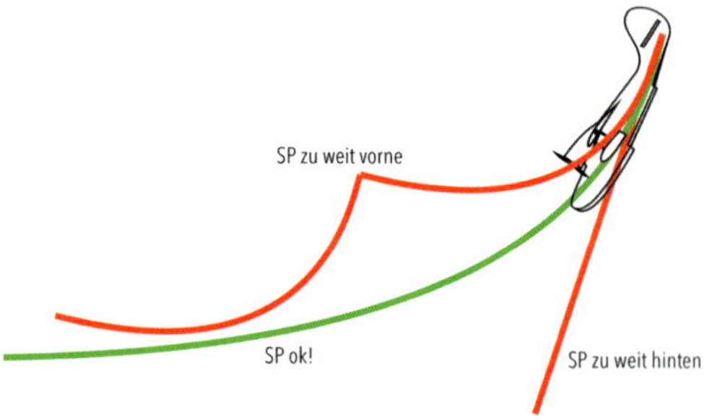

Beim „Anstech-Test“ sollte sich das Flugzeug in einer harmonischen Kurve abfangen

Wie bereits vorher erwähnt, gelten diese Tests in dieser Form nicht unbedingt für Kunstflugmodelle oder andere „spezielle“ Flugzeugtypen, wie Jets oder Warbirds, bei denen das selbständige Abfangen nicht gewünscht ist und der Schwerpunkt eventuell weiter hinten liegt. Als weitere Ausnahmen gibt es auch exotische Modelltypen mit tragendem Leitwerk, bei denen der Schwerpunkt zwischen Auftriebspunkt der Tragfläche und Leitwerk liegt. Das kann, aber muss nicht immer funktionieren. Bei den manntragenden Vorbildern gab es die Dornier Do212, welche in dieser Auslegung instabil war und nach ersten Tests verschrottet wurde. Bei Modellen gibt es Delta-Flügel-Modelle mit Canards, wie zum Beispiel die Aerocanard, die von mir als Bauplan in der FMT veröffentlicht wurde, bei denen das vorne liegende, tragende Leitwerk sehr gut funktioniert und ganz außergewöhnliche Flugeigenschaften ergibt.

Weiterhin gilt es zu beachten, dass beispielsweise die im Buch beschriebenen Dornier-Stummel und der flache Rumpf eines Flugbootes einen massiven Einfluss auf die richtige Lage des Schwerpunktes haben. Bei den meisten Dornier-Flugzeugen liegt der Schwerpunkt deutlich weiter vorne, als es bei der Betrachtung der 25 % Tragflächentiefe alleine der Fall wäre. Ich benutze zur Berechnung des Schwerpunktes das Programm *W_Laengs,* welches als kostenloser Download erhältlich ist und gebe die Stummel und den Rumpf als Tragflächen mit in das Programm ein. Damit habe ich einen ersten Anhaltspunkt vor dem Erstflug. Die genaue Lage wird dann erflogen.

7.2 Der Winkel des Rumpfes zur Tragfläche

Der Zusammenhang des Winkels vom Rumpf zur Tragfläche und die Auswirkung auf gute Start- und Landeeigenschaften war mir nicht so richtig bewusst, bis zu dem Zeitpunkt an dem ich es beim Bau meiner Do24 komplett falsch gemacht habe und mit vielen Versuchen und Änderungen optimieren musste. Es gibt Modelle, da ist die Festlegung des Ausrichtungswinkels der Tragfläche sehr einfach. Ein Beispiel für eine einfache Konstruktion ist der Dornier Wal mit einer sehr klaren Referenz-Seitenlinie, oder Rumpfsehne. Hier kann einfach das Höhenleitwerk parallel zur Rumpfsehne ausgerichtet werden und die Tragfläche erhält 3°

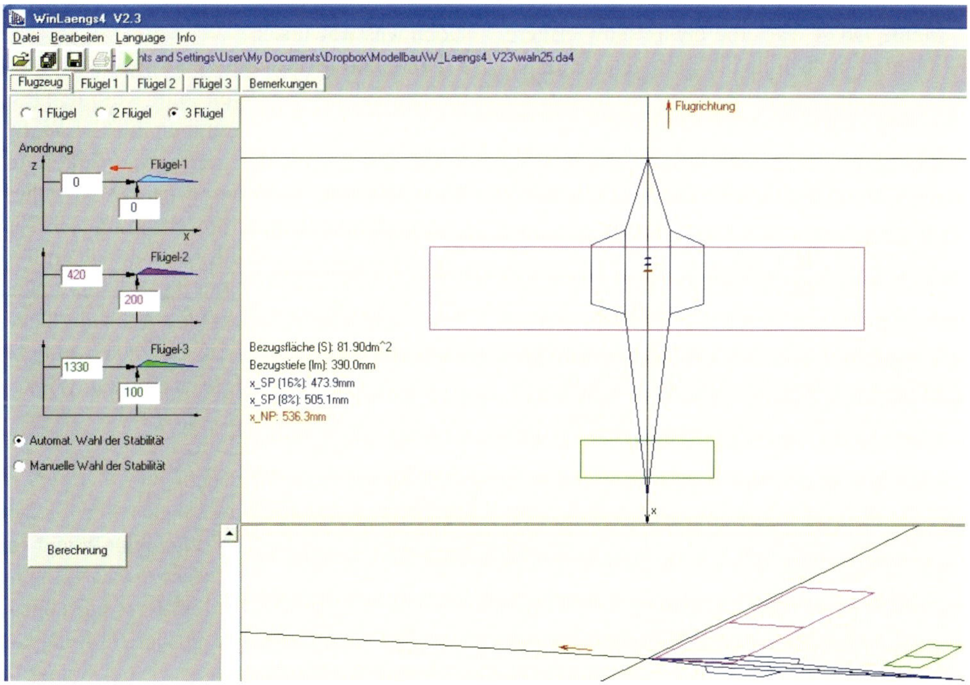

Das Programm W_Laengs liefert für die ersten Testflüge die ungefähre Lage des Schwerpunktes. Auch wenn die genaue Lage des Schwerpunktes noch erflogen werden muss, gibt es keine böse Überraschung beim Erstflug

als EWD. Da ich vorzugsweise mit einem Clark-Y-Profil arbeite, welches konstruktiv einen 3° Winkel enthält, kann ich die Unterseite der Tragfläche parallel zur Rumpfsehne und dem Höhenleitwerk ausrichten. Das ist eine Bauweise, die sich schon vielfach bewährt hat und sehr einfach zu realisieren ist. Aufsetzen mit der Nase ins Wasser ab, was jedes Mal mit einem vollen Stillstand unter Wasser oder mit einem Überschlag endete. Wenn ich bei der Landung die Nase weiter hoch genommen habe, dann reagierte sie mit einseitigem Strömungsabriss. Dieses Lande- und Startverhalten war absolut spaßfrei.

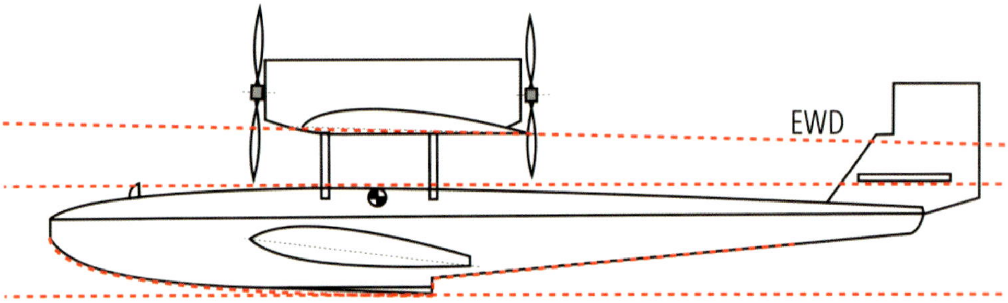

Eine vielfach bewährte Methode ist, das Höhenleitwerk und die Unterseite des Clark-Y-Profils parallel zum Rumpfdeck auszurichten

Meine Do24 war eine etwas schwierigere Konstruktion. Durch die gebogene Rumpfform war die Rumpfsehne nicht so einfach erkennbar und ich habe zu wenig auf den Rumpfboden im Bereich der Stufe geachtet. Wie äußerten sich die Probleme bei meiner Do24?

Beim Start klebte sie auf dem Wasser, obwohl die Stufe korrekt ausgelegt war. Zum Abheben musste ich sehr stark ziehen und sie war jedes Mal nahe am Strömungsabriss und neigte zum Abkippen über eine Tragfläche. Bei der Landung tauchte sie direkt nach dem Doch was war falsch?

Die Tragfläche hatte einen zu hohen Anstellwinkel im Vergleich zum Rumpf. Deshalb war beim Beschleunigen auf der Stufe, wenn der Rumpf den richtigen Winkel für die Gleitfahrt im Wasser hatte, die Tragfläche bereits knapp am Strömungsabriss. Beim Landen zeigte die Nase des Rumpfes zu weit nach unten, wenn der Anstellwinkel der Tragfläche passte. Oder die Tragfläche hatte einen zu starken Anstellwinkel und der Strömungsabriss erfolgte, wenn der Winkel für den Rumpf passte.

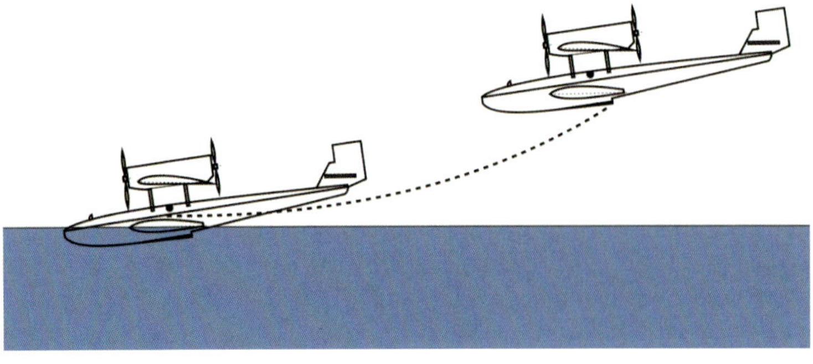

Wenn der Rumpf relativ zur Tragfläche mit der Nase nach unten ausgerichtet ist, kann es wie bei meiner Do24 vorkommen, dass er direkt bei der Landung abtaucht

Nach mehreren Änderungen passte der Winkel auch bei meiner Do24. Bei Start und Landung muss der Winkel der Tragfläche relativ zum Rumpf ermöglichen, dass die Fläche der Unterseite des Rumpfes hinter der Stufe parallel zum Wasser steht

Ein ähnliches Problem, wenn auch nur in leichterer Form, habe ich bei der Multiplex Funcub auf Schwimmern und auch bei anderen Schwimmerflugzeugen erlebt. Wenn die Schwimmer wie in der Anleitung vorgesehen montiert werden, hat die Tragfläche im Vergleich zu den Schwimmern, einen zu hohen Anstellwinkel nach oben. Da der Winkel hier nur geringfügig falsch ist und die Funcub nicht zum Abkippen beim Strömungsabriss neigt, ist das Problem hier nicht so offensichtlich wie bei meiner Do24, die nicht vernünftig zu starten und zu landen war. Bei der Funcub äußert sich die Fehlstellung auf folgende Weise: Beim Start, wenn die Schwimmer den richtigen Gleitwinkel haben, zeigt die Flugzeugnase zu stark nach oben. Solange das Flugzeug am Wasser „klebt", merkt man davon nichts, aber sobald die Verbindung zum Wasser weniger wird, macht das Flugzeug einen Sprung nach oben. Ein harmonisches Abwassern in einer geraden niedrigen Linie ist nur sehr schwer möglich. Das ist ungefähr vergleichbar mit einem Flugmodell mit Spornrad, bei dem mit dem Spornrad am Boden gestartet wird. Es geht, ist aber nicht schön.

Bei der Landung sollten das Unterwasserschiff, oder in diesem Fall die Schwimmer, im Idealfall deutlich mit der Nase nach oben zeigen, sodass der hintere Teil, die Stufe, mit einer kleinen Fläche im Wasser aufkommt, eine Bremswirkung und ein Nick-Moment erzeugt und das Flugzeug ans Wasser saugt. Wenn die Schwimmer allerdings flach auf das Wasser kommen, prallen sie wie ein flach geworfener Stein ab. In einfachen Worten, das Flugzeug springt bei der Landung. Bei der Funcub ließ sich das Problem ganz einfach beheben, indem ich die hintere Schwimmerbefestigung nicht am Ende der Schwimmer montiert habe, sondern zirka ein Drittel der Schwimmerlänge weiter vorne. Durch diese kleine Modifikation und eine Versteifung der Schwimmerbefestigung, ist die Funcub ein wunderschöner Anblick bei harmonischen Starts und Landungen. Nebenbei sieht es auch noch originalgetreuer aus, wenn die Strebe nicht am Ende der Schwimmer ist. Ein weiteres Beispiel ist meine Sebart Macchi MC72. In der Originalstellung der Schwimmer konnte ich sie nur mit stark hochgezogener Nase und entsprechend langsamer Fahrt ohne zu springen landen. Das war problemlos machbar, da die Macchi ein kreuzbraves Abrissverhalten hat. Schnelles „Touch and Go" war ohne Hüpfer allerdings nicht möglich. Nachdem ich bei der hinteren Strebe am Rumpf zirka 1 cm unterlegt habe, damit den Winkel der Schwimmer zum Rumpf geändert habe, waren Landungen ohne zu springen völlig problemlos machbar und auch mit höherer Geschwindigkeit möglich. Auch mein Do24-Projekt hatte ein glückliches Ende, nachdem ich zeitweise kurz davor war, das Flugzeug als Dekoration ins Büro zu hängen. Die Winkeländerungen haben die gewünschte Wirkung gebracht. Noch heute fliege ich die Do24 immer wieder gerne.

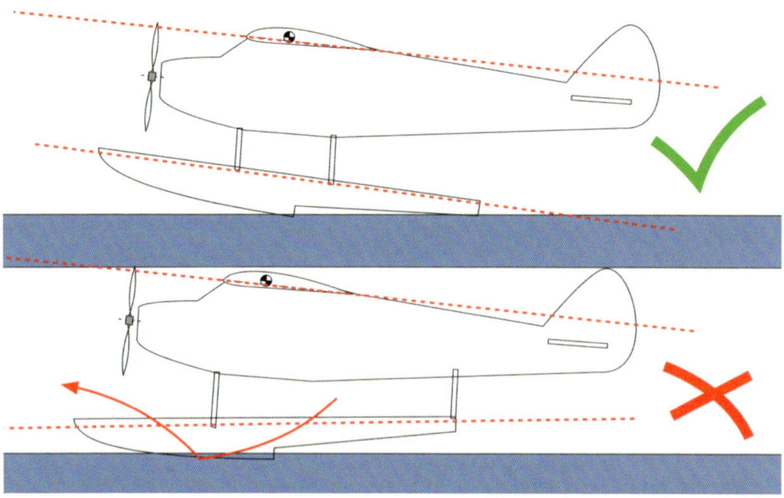

Die originale Befestigung der Schwimmer bei meiner Funcub, wie im unteren Bild gezeigt, neigte bei der Landung zum Springen, weil die Schwimmer zu flach aufkommen und wie ein flach geworfener Stein wieder abprallen

Die modifizierte Schwimmerbefestigung wurde zusätzlich versteift und bewirkt, dass die Schwimmer bei der Landung mit einem steileren Anstellwinkel aufkommen

Bei dieser Piper von Rolf Breitinger ist sehr schön der Winkel der Schwimmer kurz vor der Landung erkennbar. Die Fläche hinter der Stufe liegt parallel zur Wasseroberfläche

7.3 Motorsturz und Seitenzug

Motorsturz und Seitenzug sind ein wichtiger Aspekt bei der Optimierung eines Flugmodells zu einem harmonischen und spaßbringend fliegendem Modell. Bei Landflugzeugen ist diese mechanische Optimierung nicht unbedingt erfolgsentscheidend, in den meisten Fällen fliegt das Flugzeug auch ohne optimale Einstellungen, wenn auch nicht richtig schön und harmonisch. Mischer auf dem Sender von Gas auf Höhenruder helfen, den Effekt etwas zu vermindern. Das ist zwar nicht schön aber machbar.

Bei einem Wasserflugzeug hingegen, kann ein falscher Motorsturz eventuell schon bedeuten, dass die erste Hürde nicht bezwungen wird – der Start!

Das Thema Motorsturz betrachte ich im Folgenden getrennt für Flugboote und Schwimmerflugzeuge, da beide Flugzeugtypen eine stark unterschiedliche geometrische Anordnung von Antrieb, Schwerpunkt und Luftwiderstandsmittelpunkt aufweisen.

7.3.1 Seitenzug

Der Motorseitenzug ist eine Schrägstellung des Motors von zirka 1° bis 3°. Wird von oben auf das Modell geschaut, nach rechts bei normal drehenden Propellern, oder nach links bei rechts drehenden Propellern (Bezeichnung „R“ auf dem Propeller). Wenn der Strahl des Propellers auf das Leitwerk trifft, hat er eine Drehrichtung welche das Leitwerk zur Seite drückt. Zusätzlich verursacht der Propeller ein Drehmoment. Das äußert sich darin, dass ein Flugzeug welches einen Motor mit einer genauen 0°-Ausrichtung nach vorne eingebaut hat, beim Gas geben ständig nach links fliegen will. Wenn man das Gas raus nimmt, will es wieder nach rechts fliegen. Man schafft es also nicht, das Flugzeug auf Geradeausflug zu trimmen. Wann immer etwas an der Motorleistung verändert wird, verändert das Flugzeug die Flugrichtung. Bei einem optimal eingestellten Flugzeug wirkt die Schrägstellung des Motors dem Drehmoment und der Leitwerksanströmung entgegen. Das Flugzeug fliegt, auch wenn die Gas-Stellung verändert wird geradeaus, ohne dass ich gegensteuern oder trimmen muss. Dieser Effekt ist bei einmotorigen größer als bei mehrmotorigen Flugzeugen. Einmotorige Flugzeuge haben einen größeren Propeller, welcher ein dementsprechend höheres Drehmoment und einen größeren Propellerstrahl erzeugt. Ein mehrmotoriges Flugzeug, bei dem die Antriebsleistung auf mehrere, kleinere Propeller verteilt wird, und die eventuell gar nicht vor dem Leitwerk positioniert sind, reagiert nicht so sensibel auf eine fehlende Optimierung des Seitenzuges. Des Weiteren können bei einem mehrmotorigen Flugzeug die Propeller gegenläufig, also links/rechts drehend montiert werden. Ein Beispiel hierfür ist mein DoX-Modell mit sechs Motoren. Bei meiner DoX drehen die kleinen Propeller abwechselnd in eine andere Richtung. Hier musste ich keinerlei Aufwand in die Ausrichtung der Motoren investieren. Sie fliegt perfekt Gas-neutral.

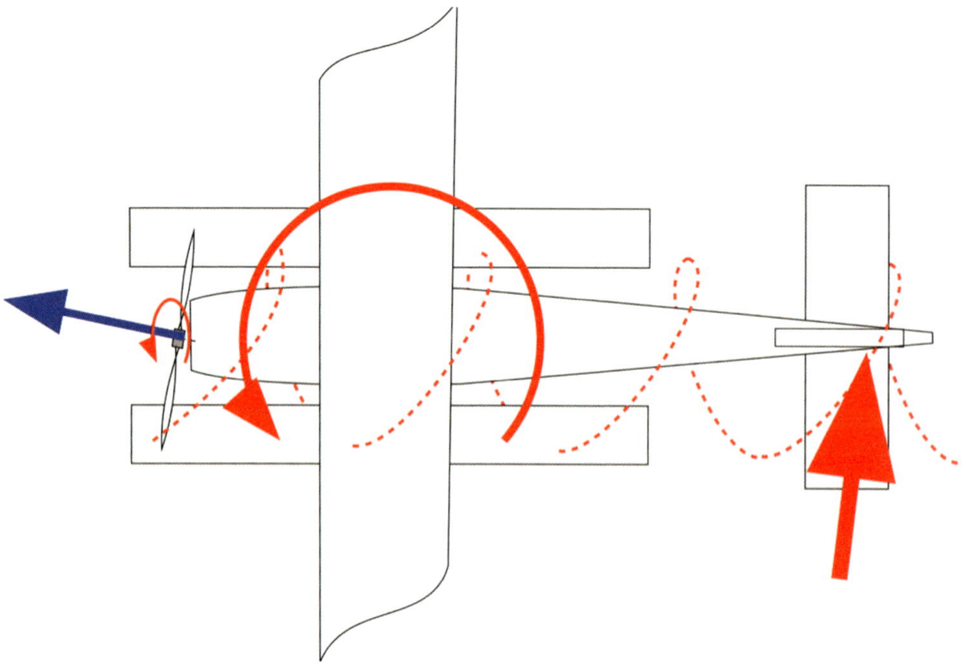

Die zur Seite wirkenden Kräfte der Propellerdrehung werden durch eine Schrägstellung des Motors ausgeglichen. Im Idealfall fliegt das Flugzeug auch bei einer Änderung der Motorleistung geradeaus

Deutlich erkennbar ist hier der Seitenzug des vorderen Propellers bei meiner Dornier Wal

7.3.2 Motorsturz bei Flugbooten

Bei vielen Landflugzeugen zeigt die Motorachse nach unten, ein positiver Motorsturz. Der nach unten ausgerichtete Motor verhindert ein nach oben Gehen der Nase beim Gas geben, indem der Motor das Modell nach unten zieht.

Bei einem Flugboot mit vorne liegendem Propeller ist der Motor hingegen nach oben ausgerichtet. Üblich ist ein negativer, nach oben gerichteter Motorsturz im Bereich von zirka -4° bis -6°. Das liegt an der besonderen Bauweise eines Flugbootes, bei dem die Motoren weit oberhalb des Wassers, also oberhalb des Schwerpunktes und auch oberhalb des hauptsächlichen Luftwiderstandes angeordnet sind. Die hohe Anordnung bewirkt ein Drehmoment, welches dafür sorgt, dass die Nase beim Gas geben nach unten geht. Denn der Motor zieht beim Gas geben nach vorne, der Rumpf bremst unten durch Luftwiderstand und Massenträgheit. Wird dagegen die Motorleistung reduziert, geht die Nase unwillkürlich nach oben. Das ist ein Flugverhalten welches jeden schönen Landeanflug zunichte macht. Wenn beim Landen die Motorleistung reduziert wird, um eine höhere Sinkgeschwindigkeit zu erzielen, nimmt das Flugzeug die Nase hoch, reagiert damit genau anders herum als beabsichtigt und steigt. Dabei verliert es an Fahrt und sackt wieder ab, denn man hat ja die Antriebsleistung reduziert. Der Landeanflug ist, sobald der Gasknüppel berührt wird, ein einziges unkontrolliertes Auf und Ab. Um diesem Verhalten entgegen zu wirken, wird der

Motor nach oben ausgerichtet. Die Ausrichtung nach oben wirkt beim Gas geben dem Drehmoment entgegen, welches nach unten zieht. Beim Gas reduzieren sorgt die Ausrichtung nach oben dafür, dass das Flugzeug sinkt und nicht steigt. Bei optimaler Ausrichtung des Motors sollte das Flugzeug im ersten Moment, wenn schnell die Gasknüppelstellung geändert wird, geradeaus fliegen und erst steigen oder sinken, wenn sich die Geschwindigkeit erhöht oder reduziert. Das Drehmoment sollte nicht bemerkbar sein. Dieser Effekt könnte auch mit einem Mischer von Gas auf Höhenruder am Sender ausgeglichen werden. Der Mischer wird so programmiert, dass wenn man Gas gibt, das Höhenruder nach oben geht, wenn man Gas reduziert nach unten. Das ist allerdings nur eine Behelfslösung. Beim Bau eines Wasserflugzeuges sollte eine Veränderung der Motorausrichtung während des Einfliegens eingeplant werden. Der Zugang zum Motor sollte dementsprechend gestaltet oder noch offen gelassen werden.

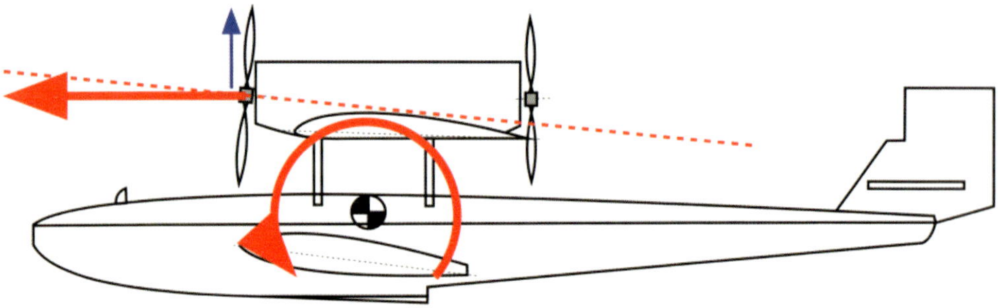

Bei oben liegenden Motoren befindet sich die Hauptmasse und der Mittelpunkt des Luftwiderstandes unterhalb des Motors, weshalb beim Gas geben ein Nick-Moment entsteht. Der nach oben gerichtete Motor wirkt dem entgegen

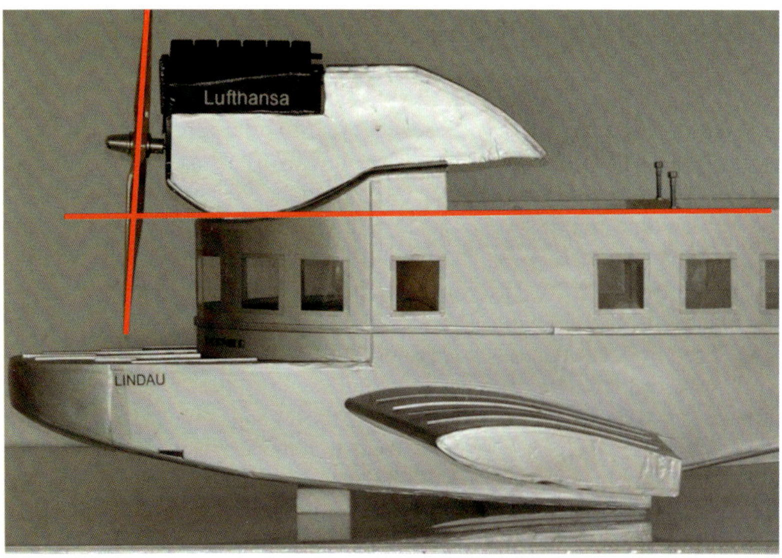

4°bis 6° negativer Motorsturz, also nach oben, gleichen das Nick-Moment aus

Das eventuell größere Problem, bei zu wenig Motorausrichtung nach oben, ein Problem welches sich nicht durch elektronische Mischer beheben lässt, zeigt sich beim Start eines Flugbootes. Wenn die Motoren zu wenig Sturz nach oben haben, „klebt" das Flugboot auf der Wasseroberfläche fest. Diesen Effekt habe ich bei meiner Do24 bei einer der zahlreichen Winkeländerungen der Tragfläche das erste Mal beobachtet. Ich habe den Anstellwinkel der Tragfläche verringert, um die Probleme beim Abwassern und Landen zu lösen. Dabei habe ich automatisch den Sturz der auf der Tragfläche sitzenden Motoren relativ zum Rumpf reduziert. Die Do24 ging problemlos in die Gleitfahrt über. Aber trotz Vollgas, genügend Motorleistung und vollen Höhenruder-Ausschlägen raste sie nur auf der Wasseroberfläche umher und war nicht zum Abheben zu bewegen. Das Problem war, dass die Motoren sie auf das Wasser nach unten gezogen haben. Je mehr ich Gas gegeben habe, umso mehr klebte sie fest. Das ist etwas, das auch bei ersten Tests schon sehr gut beobachtet werden kann. Wenn man mit viel Gas auf dem Wasser gleitet, dann Gas weg nimmt und das Flugzeug macht plötzlich den Eindruck, dass es im ersten Moment leichter und schneller gleitet, wenn es den Eindruck macht, dass es irgendwie befreit wirkt, dann müssen die Motoren stärker nach oben ausgerichtet werden. Wenn ein Flugzeug also schlecht abhebt, muss es nicht unbedingt an fehlender Motorleistung liegen sondern ist eventuell ein Problem, dass der Motor falsch ausgerichtet ist. Ein optimal konstruiertes Wasserflugzeug braucht nicht viel mehr Motorleistung zum Start als zum Fliegen.

7.3.3 Motorsturz bei Schwimmerflugzeugen

Schwimmerflugzeuge sind normalerweise Landflugzeuge, bei denen das Fahrwerk durch Schwimmer ersetzt wurde. In vielen Fällen handelt es sich dabei um Hochdecker. Der Antrieb befindet sich unterhalb der Tragflächen. Im Gegensatz zu Flugbooten befindet sich der Antrieb speziell bei einmotorigen Hochdecker-Landflugzeugen also unterhalb

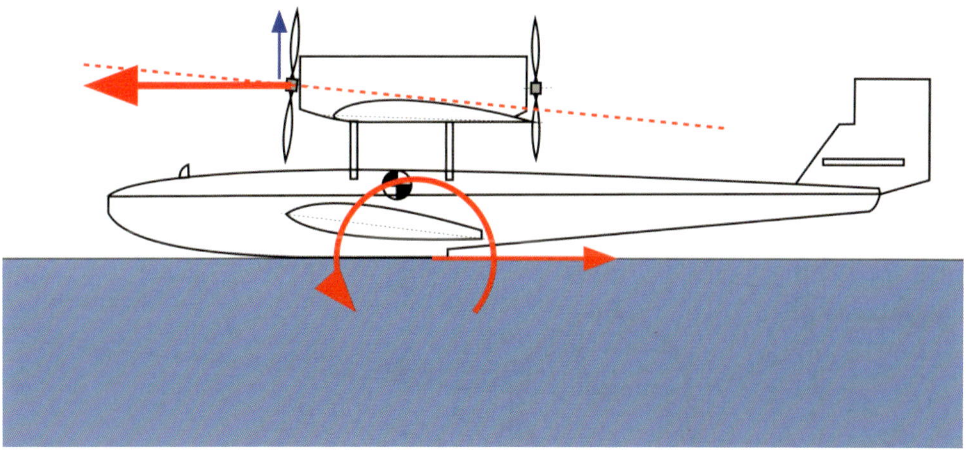

Auf dem Wasser entsteht durch die Reibung am Rumpfboden ein noch größeres Nick-Moment. Zu wenig Sturz nach oben kann hier bedeuten, dass sich das Flugzeug nicht von der Wasseroberfläche lösen kann. Erkennbar ist zu wenig Sturz auch daran, dass sich das Flugzeug im ersten Moment „leichter" anfühlt, wenn das Gas reduziert wird. Dann hat der Motor zuvor das Flugzeug nach unten auf die Wasseroberfläche gezogen

des Schwerpunktes und unterhalb des hauptsächlichen Luftwiderstandes. Eine Erhöhung der Motorleistung bedeutet also ein Drehmoment, welches ein Hochnehmen der Nase bewirken würde. Deshalb zeigt bei den meisten einmotorigen Landflugzeugen mit an der Front angeordnetem Motor die Motorachse nach unten, um dieses Drehmoment auszugleichen. Werden an dieses Landflugzeug Schwimmer angebracht, dann wandert der Schwerpunkt und die Hauptangriffsfläche für den Luftwiderstand durch die Schwimmer nach unten. Damit muss auch der Motorsturz reduziert werden. Der Motor zeigt nur noch leicht nach unten oder ist eventuell sogar mit einem 0°-Winkel eingebaut. Bei Tiefdeckern auf Schwimmern kann es sein, analog zu Flugbooten, das der Motor mit zirka 4° nach oben optimal ausgerichtet ist, denn der Motor befindet sich dann auf einer erhöhten Position über der Tragfläche. Es gibt sogar Hersteller, die bei Flugzeugmodellen, die umrüstbar von Fahrwerk auf Schwimmer sind, zwei verschiedene Motorhalterungen mitliefern, sodass in jeder Konfiguration mit der optimalen Einstellung geflogen werden kann.

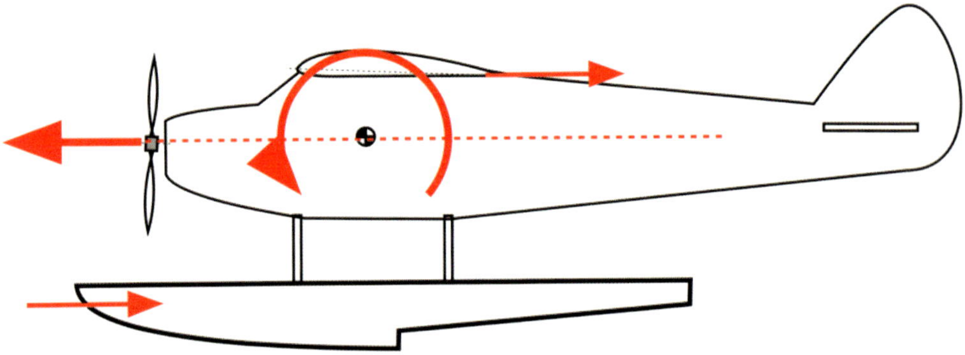

Bei einem Hochdecker mit Schwimmer liegt der Motor fast auf einer Achse mit dem Widerstand der Tragflächen und der Schwimmer. Hier kann der Motor mit zirka 0° Sturz eingebaut werden

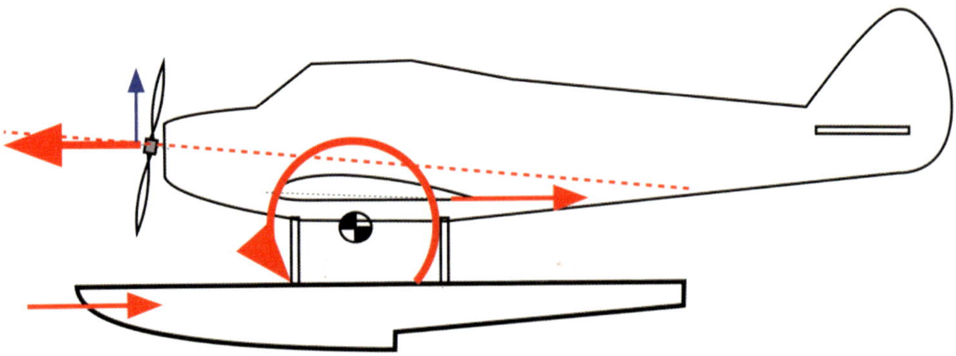

Bei einem Tiefdecker mit Schwimmern verhält es sich ähnlich wie bei einem Flugboot, der Motor muss nach oben ausgerichtet werden

Die Sebart Macchi fliegt mit einem negativen Sturz von 4° (Motor nach oben ausgerichtet) wunderbar Gas-neutral

8 Flügel, Auslegung und Konstruktion

Die Konstruktion des Flügels hat eine große Bedeutung für die Flugeigenschaften des Flugzeuges. Die Konstruktion des Flügels ist oftmals hauptverantwortlich dafür, ob das Flugzeug gutmütig, einfach zu fliegen und einfach zu landen ist, oder ob es wie eine zickige Diva beim kleinsten Fehler oder etwas zu wenig Geschwindigkeit abschmiert. Ich versuche speziell bei meinen Semiscale-Flugzeugmodellen ein möglichst gutmütiges Flugverhalten zu erreichen. Das macht vorbildgetreues langsames Fliegen zum Genuss. Da ich auch gerne bei Wind fliege, bringt es zusätzliche Sicherheit, wenn das Modell beim Eindrehen in den Rückenwindkurs keine Tendenzen zum Abschmieren zeigt. Da der Flügel die zentrale „tragende Rolle" hat, wird beim Bau des Flügels oftmals mit vermeintlich Stabilität bringenden Verstärkungen nicht gegeizt. Das Risiko ist beim Flügel am größten. Wenn der Flügel in der Luft zusammenklappt ist das Modell wohl meistens ein Totalverlust. Aber im Sinne der Gewichtsoptimierung lohnt es sich auch hier, ein paar Gedanken auf eine optimale Auslegung zu verwenden.

8.1 Flügel-„Schränkung" oder Verwindung

Das Wort Schränkung wird bei der Tragfläche im Sinne einer Verwindung verwendet. Wenn man eine derartig konstruierte Tragfläche genau von der Seite betrachtet, ist zu sehen, dass die Tragfläche am Ende weniger Anstellwinkel als an der Wurzel hat. Sehr gut zu sehen ist das übrigens auch bei großen Verkehrsflugzeugen. Die Schränkung wird in den Flügel eingebaut um ein besseres Verhalten beim Strömungsabriss zu erreichen. Der Strömungsabriss erfolgt bei einem starken Anstellwinkel. Wenn die Tragfläche keine Verwindung hat, daher jede Stelle den selben Anstellwinkel hat, ist die Wahrscheinlichkeit hoch, dass die Strömung durch Ungenauigkeiten im Bau oder durch Zufall zuerst auf einer Seite abreißt, der Auftrieb auf dieser Seite bricht zusammen und das Flugzeug kippt über eine Tragfläche ab. Kein Problem, wenn man genug Sicherheitshöhe hat um wieder Fahrt aufzunehmen um das Flugzeug unter Kontrolle zu bekommen. Aber leider passiert so etwas meistens bei der Landung, in Bodennähe, und zieht Beschädigungen nach sich.

Das lässt sich vermeiden durch eine Schränkung oder Verwindung in der Tragfläche. Durch den höheren Anstellwinkel an der Wurzel der Tragfläche reißt die Strömung zuerst an der Wurzel ab während die äußeren

Teile der Tragfläche noch Auftrieb erzeugen und das Flugzeug stabil in der Waage halten. Durch den Strömungsabriss an der Wurzel erzeugt die Tragfläche weniger Auftrieb und das Flugzeug nimmt ohne seitliches Abkippen die Nase nach unten und Fahrt auf. Genau so wollen wir das haben. Kein Abkippen über eine Tragfläche, sondern brav die Nase nach unten, wenn die Geschwindigkeit zu niedrig ist.

Eine Verwindung der Tragfläche kostet etwas Effizienz, da ein Teil der Tragfläche immer einen nicht optimal effizienten Anstellwinkel hat. Das ist aber für Wasserflugmodelle meistens unerheblich und allenfalls ein Thema bei Segelflugzeugen. Eine ähnliche Funktion lässt sich auch durch die Auswahl verschiedener Profile in die Tragfläche einbauen. Das wäre bei Segelflugzeugen die effizientere Methode.

Da ich bei meinen Modellen bevorzugt ein einfach zu bauendes Clark-Y-Profil verwende, gibt es einen einfachen Trick, der schon früher in der Bauanleitung des „kleinen Uhu" stand: Beim Bau der Tragfläche wird einfach ein Stück Depron, zum Beispiel

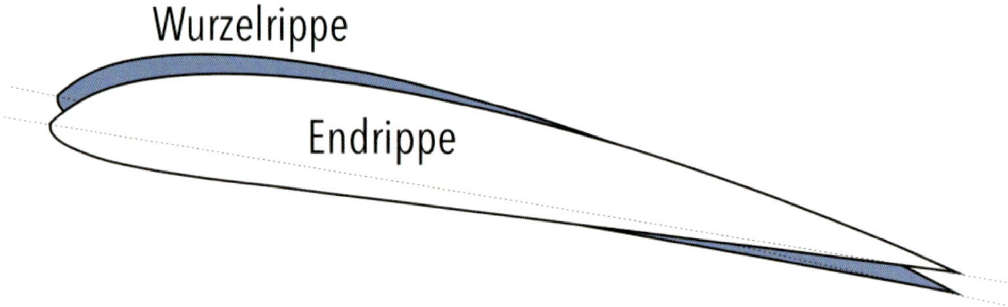

Die Flügelschränkung, bei der die Wurzelrippe einen höheren Anstellwinkel als die Endrippe hat, verbessert die Gutmütigkeit beim Strömungsabriss

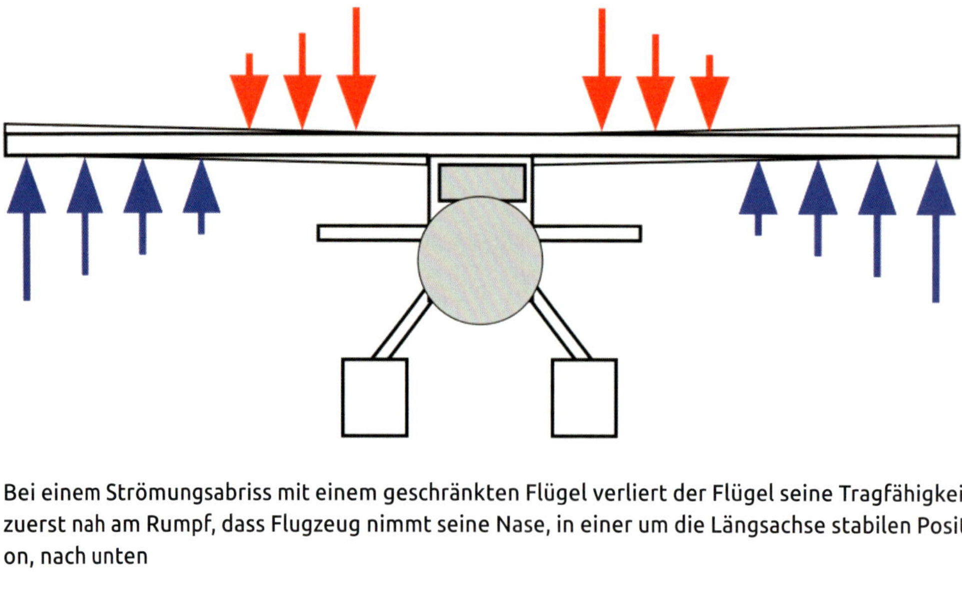

Bei einem Strömungsabriss mit einem geschränkten Flügel verliert der Flügel seine Tragfähigkeit zuerst nah am Rumpf, dass Flugzeug nimmt seine Nase, in einer um die Längsachse stabilen Position, nach unten

3 mm oder 6 mm, im Bereich des Querruders unterlegt. Beim Verkleben muss natürlich darauf geachtet werden, dass keine Kante entsteht. Auf diese Art wird die Tragfläche nach dem Trocknen des Klebstoffes seine Verwindung beibehalten. Eine andere Möglichkeit ist es, sich für den Tragflächenbau eine Helling mit Verwindung anzufertigen. Das ist bei mir eine 3-mm-Dibond-Platte, die ich mit Schraubzwingen und Unterlagen auf die gewünschte Verwindung bringe und als Unterlage für den Bau der Tragfläche benutze. Das Ergebnis dieser sehr einfachen Maßnahme sind Flugzeuge, die keinerlei gemeine Tendenzen beim Strömungsabriss zeigen und auch für Einsteiger geeignet sind.

Immer wieder begegne ich der Meinung, dass Querruder als „Landeklappen“ programmiert und nach unten gestellt werden können. Aus dem Vorangegangenen erklärt sich, warum das ein Fehler wäre. Werden die Querruder nach unten gestellt, ergibt sich wenn die Querruder außen am Flügel angebracht sind, eine Schränkung in die falsche Richtung. Die Flügelenden haben damit einen höheren Anstellwinkel als die Wurzel und einen früheren Strömungsabriss, was wiederum zum unerwünschtem Abkippen über eine Tragfläche führen kann. Deshalb sind Landeklappen immer im inneren Bereich der Tragfläche, nahe an der Wurzel angeordnet.

Wenn man mit den Querrudern überhaupt etwas machen möchte, dann würde es helfen die außenliegenden Querruder leicht nach oben anzustellen und damit den Anstellwinkel der Flügelenden relativ zur Wurzel zu verringern. Bei einer gut gebauten Tragfläche sollte das allerdings nicht notwendig sein.

Daraus erklärt sich auch, warum der Einsatz von Querrudern im langsamen Landeanflug gefährlich ist und besser mit dem Seitenruder gesteuert werden sollte. Wird das

Ein Stück Depron als Unterlage im Bereich der Querruder ergibt beim Verkleben der Innenstruktur und Schließen der Tragfläche die Schränkung

Mit eingebauter Schränkung sind auch extreme Anflugwinkel ohne seitliches Abkippen möglich

Querruder im Langsamflug benutzt, erhöht sich einseitig auf der Seite auf der das Querruder nach unten ausschlägt, der Anstellwinkel welcher einseitig zum Strömungsabriss führen kann. Das ist fatal in beim Landeanflug in Bodennähe. Konstruktiv kann diesem Effekt durch Querruder-Differenzierung entgegengewirkt werden. Die Querruder-Differenzierung reduziert die Ausschläge nach unten und reduziert die einseitige Erhöhung des Anstellwinkels.

8.2 Holmstruktur in optimaler Leichtbauweise

Um die Tragfläche optimal zu konstruieren lohnt es sich, die Kräfte die in der Tragfläche während des Fluges auftreten, genauer anzuschauen. Natürlich kann einfach ein sehr dicker Holm in der Tragfläche verbaut werden, aber auch hier gilt: Viel hilft nicht immer viel. Eine maximale Sicherheitsauslegung, ein dicker Holm über die ganze Flügellänge, katapultiert das Modell direkt in die Gewichtsspirale, wie weiter zuvor schon beschrieben. Die Tragfläche wird schwerer, wodurch auch der Antrieb schwerer wird, was wiederum einen schwereren Akku erfordert. Plötzlich hängt an der ehemals überdimensionierten und mehr als sicheren Tragfläche ein derart hohes Gewicht, dass sie gar nicht mehr so stabil und sicher ist. Die Stabilität muss immer in einer gesunden Relation zur Belastung oder dem Modellgewicht stehen. Deshalb gilt auch hier: Stabilität an der richtigen Stelle ist sinnvoller als einfach alles übermäßig stabil, und damit schwer zu bauen. Jeder Modellbauer hat natürlich seine bevorzugten Baumethoden. Das Folgende soll einfach zum Überdenken der gewohnten Methoden anregen. Alles im Nachfolgenden Beschriebene hat sich bei sehr vielen meiner Modelle über lange Zeit bewährt.

8.2.1 Kräfte im Flügel

Wo wirken welche Kräfte? An der einfachen rechteckigen Tragfläche wirkt über die Spannweite betrachtet, an jeder Stelle dieselbe Auftriebskraft. Die Verteilung der auf die Tragfläche wirkenden Auftriebskraft ist konstant. Als Gegenkraft zur Auftriebskraft wirkt die Schwerkraft des Rumpfes punktuell in der Mitte. Die Schwerkraft der Tragfläche ignorieren wir jetzt der Einfachheit halber, denn diese ist ebenfalls gleichmäßig über die Tragfläche verteilt und tritt erst bei einer harten Landung in den Vordergrund. Aus der gleichmäßigen Verteilung des Auftriebes ergibt sich, dass an jeder Stelle die Summe der weiter außenliegenden Auftriebskräfte auf die Flügelstruktur wirkt. Oder in anderen Worten: die auf den Holm- und die Flügelstruktur wirkende Kraft steigt linear zum Rumpf an und ist maximal am Rumpf.

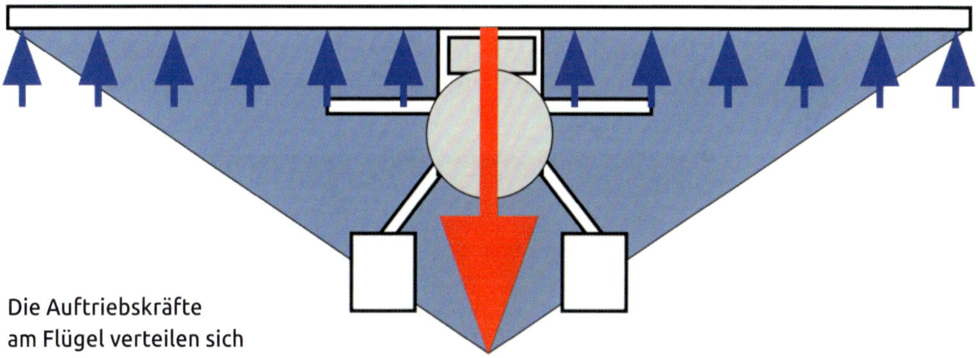

Die Auftriebskräfte am Flügel verteilen sich gleichmäßig über die ganze Flügelbreite. Die Belastung für die Holmstruktur ist deshalb am Ende des Flügels niedrig und steigt zur Mitte an

Doch was bedeutet das für die Flügelkonstruktion? Wird in einem Flügel ein Holm, zum Beispiel ein Rohr konstanter Dicke als tragendes Element eingebaut, dann ist der Holm an der Wurzelrippe am Rumpf entweder zu dünn oder am Ende des Flügels zu dick. Oder im schlimmsten Fall beides. Im Idealfall würde ein sich nach außen hin verjüngendes Rohr eingebaut werden. Das gibt es natürlich im Modellzubehör nicht. Deshalb ist es sinnvoll andere Wege zu gehen, um eine Annäherung der Flächenkonstruktion an das Kräftemodell zu erreichen. Natürlich gilt es bei der Festlegung der absoluten Dicke der Elemente auch abzuwägen, wo der Einsatzzweck des Flugzeuges ist: Wilder Kunstflug oder vorbildgetreues langsames Fliegen erfordern unterschiedliche Konstruktionen. Grundsätzlich gilt jedoch, dass es gewichtsmäßig nicht optimal ist, dasselbe Rohr, welches stark genug ist die Kräfte an der Flügelwurzel am Rumpf aufzunehmen, bis in die Flügelspitzen zu verwenden. Dasselbe gilt natürlich auch für das Höhenruder. Deshalb reduziere ich die Stabilität des Innenlebens in drei Schritten. Hier ein Beispiel für einen gemütlichen Parkflyer:

- Das erste Drittel der Tragfläche von der Wurzelrippe aus gesehen enthält den dicksten Holm, im Normalfall das Rohr für die Tragflächensteckung.

- Das zweite Drittel hat nur noch leichte Verstärkungen, zum Beispiel CFK-Gurte auf und unter einem Depron-Holm.
- Das letzte Drittel zur Flügelspitze hat bei mir oft gar keine zusätzlichen Verstärkungen, sondern besteht rein aus einer Depron-Struktur. Hier sind die geringsten Kräfte am Werk.
- Wird für den Kunstflug eine schwere Rumpfstruktur oder für andere hohe Belastungen gebaut, dann wird jeder Abschnitt entsprechend mit einer Stufe mehr verstärkt.

Es gibt viele Modelle, bei denen die Tragflächenstruktur völlig überdimensioniert ist. Natürlich ist es besser auf der sicheren Seite zu sein, dass die Tragfläche im Flug nicht abknickt. Wenn da nicht das Problem mit der Gewichtsspirale wäre. Ein gutes Beispiel ist der Wal-Bausatz von Scale-Parkflyer. Beim Bau der Prototypen habe ich auf das Gewicht optimiert gebaut. Das Ergebnis war, dass ich nicht nur „etwas leichter" war, sondern am Ende 50 % weniger Abfluggewicht als die meisten anderen Testbauer hatte. Mein Wal liegt abflugbereit je nach Akku bei 750 g, während die anderen Modelle zwischen 1.300 g bis 1.500 g wogen. Alle Modelle sind natürlich am Ende gut geflogen, aber den spielerischen Spaß und die Leichtigkeit mit dem ich im auflandigen Wind und in den Wellen turnen kann, verliere ich bei den schweren Modellen. Ein schwer gebautes Modell leicht machen – das geht nicht. Ein leicht gebautes Modell schwer machen, das ist hingegen kein Problem. Bei Wind fliege

Bei meiner CFK Do18 mit Depron-Tragflächen endet der vordere CFK-Holm nach zirka 40 cm. Der zweite Holm geht fast bis ans Ende und könnte noch um eine Rippe verkürzt werden

ich mit einem kleinen leichten Akku. Wenn ich will, kann ich bei wenig Wind und Wellen das Gewicht einfach durch mehr Akkukapazität erhöhen. Dadurch erhalte ich lange Flugzeiten von über 25 Minuten bevor ich den Akku wechseln muss.

8.2.2 Depron-Holm mit CFK-Gurt, tragende Außenhülle

Viele aus Depron gebaute Flugzeuge haben einen Tragflächenholm aus Balsa- oder gar Fichtenholz. Das ist vermutlich eine Bauweise, welche von mit Folie bespannten Rippentragflächen abgeleitet wurde oder aus einem großen Sicherheitsbedürfnis entsteht. Schimmel und Verzug sind bei Holz im Wasserflug eine Gefahr. Deshalb sind Tragflächen mit Holzkern nicht optimal für die Verwendung beim Wasserflug. Die Bauweise in Depron unterscheidet sich grundlegend von den klassischen Holzbauweisen, wenn man die Vorteile von Depron nutzen will. Ein Bauplan für ein Holzmodell kann daher selten für ein Depron-Modell verwendet werden. Der große Unterschied besteht darin, dass bei Depron die Außenhülle eine tragende Funktion hat, während bei einem bespannten Holzmodell die innere Struktur die tragende Funktion hat. Das spiegelt sich auch in der Bauweise des Tragflügels wieder, es können mit Depron weniger Rippen verbaut werden, als bei einer Folien- oder Rippenbauweise. Des Weiteren kann der Holm leichter gebaut werden. Eine zusätzliche Verbesserung der Stabilität und eine schönere Optik der Außenhaut des Schaummodells wird durch eine zusätzliche Beschichtung mit Japanpapier und Parkettlack, durch das Beglasen mit Glasfasergewebe und Parkettlack oder Epoxidharz oder durch das Bespannen mit Oracover-Bügelfolie erreicht. Ich persönlich bin ein Anhänger der Oracover-Bügelfolie. Depron welches mit Folie bespannt wird, kann nicht mehr abgebrochen werden, da die Bügelfolie ein Einreißen der Oberfläche verhindert. Das Ergebnis ist ein hochstabiles und elastisches Bauteil mit einer sehr schönen Optik. Als Holm reicht bei einer Tragfläche mit einer beschichteten 3-mm-Depron-Außenhaut, in den meisten Fällen ein einfacher Depron-Holm ohne Verstärkung. Wird zusätzliche Stabilität des Holmes benötigt, bei-

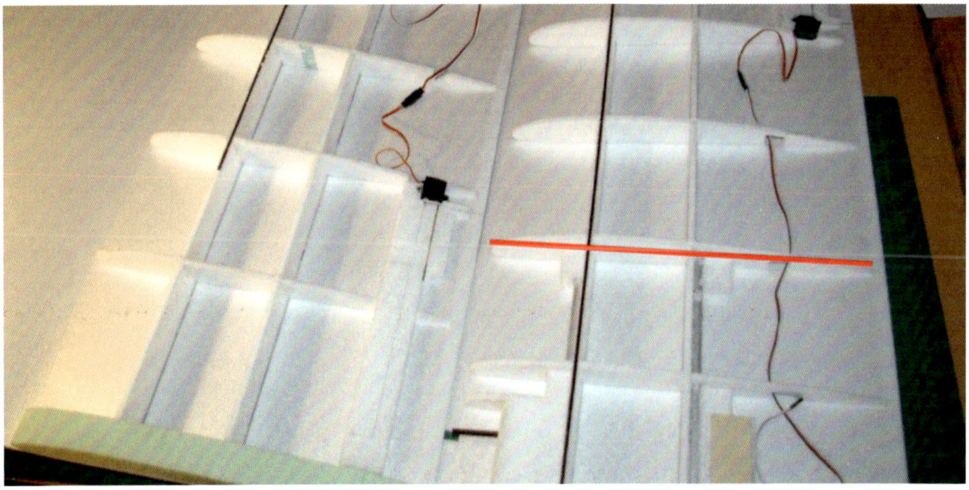

Die Innenstruktur meines Dornier Delphin mit 1,7 m Spannweite ist komplett ohne Holz gebaut und sehr leicht. Die Alurohre für die Steckung der teilbaren Fläche enden nach zirka 20 cm im Flügel. Zwei Drittel des Flügels werden von einem mit CFK-Gurten belegten Depron-Holm und der Außenhülle gestützt

spielsweise bei einem hohen Modellgewicht oder für den Kunstflug, kann der Depron-Holm mit Gurten aus CFK-Flachstäben versehen werden. Hierbei bietet sich für einen Holm aus 6-mm-Depron ein im Handel erhältlicher 6×0,5-mm-CFK-Stab an, welcher mit Epoxidharz auf die Ober- und Unterseite des Holms verklebt wird. Das Ergebnis ist ein leichter, hochfester Holm.

8.2.3 Flügelsteckungen, Dicke in Relation zum Modellgewicht

Während eine einteilige Depron-Tragfläche durch die Außenhaut sehr stabil wird und mit wenig „Innenleben" zurecht kommt, wird bei einer teilbaren Tragfläche die Stabilität gebende Außenhaut durch die Teilung praktisch zerschnitten. Es ist also wichtig, dass die Kraft, die an der Teilungsstelle wirkt, in den Rest der Tragfläche eingeleitet wird. Es hängt auch davon ab, wo die Teilung stattfindet. Ist die Teilung im Außenbereich, wo wie wir bereits wissen, dass die Kräfte die auf die Struktur wirken niedriger sind, reichen dünner dimensionierte Steckrohre.

Ist die Steckung direkt am Rumpf, wirken die maximalen Kräfte auf die Struktur und die Steckung muss etwas stärker dimensioniert werden. Die Tabelle 2 soll einen ungefähren Anhaltspunkt geben, welche Rohrdicken ich erfolgreich für welche Modelle verwendet habe.

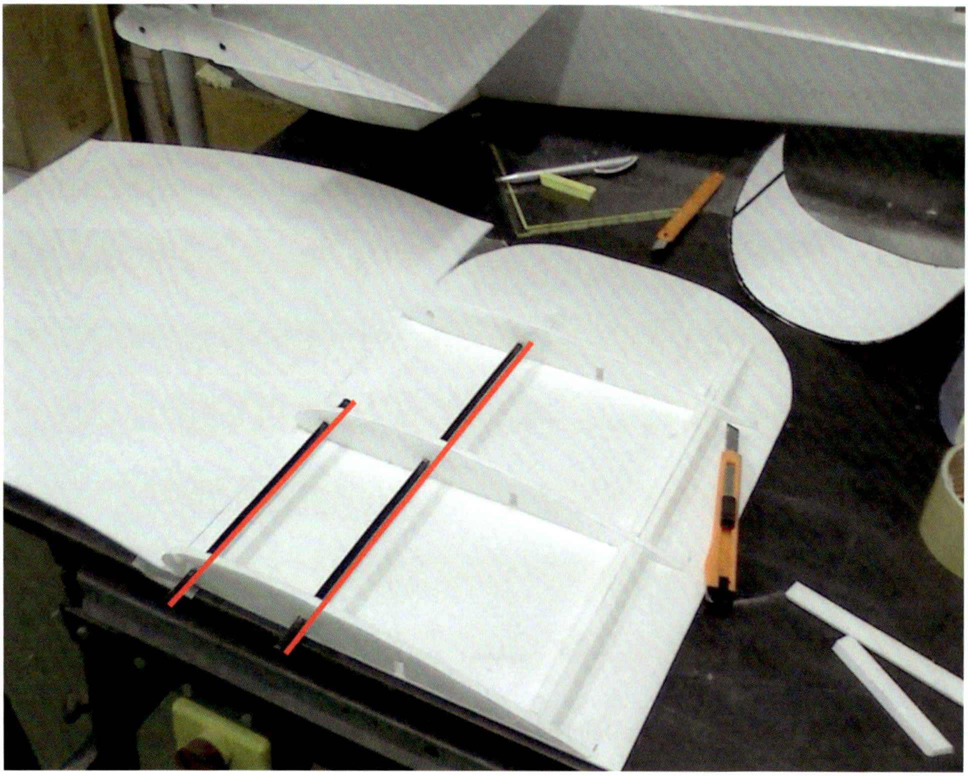

Nur zirka 5 cm Steckung reichen bei der leicht gebauten DoX mit 1,6 m Spannweite aus, um die beiden Tragflächenviertel an dem Mittelstück zu befestigen

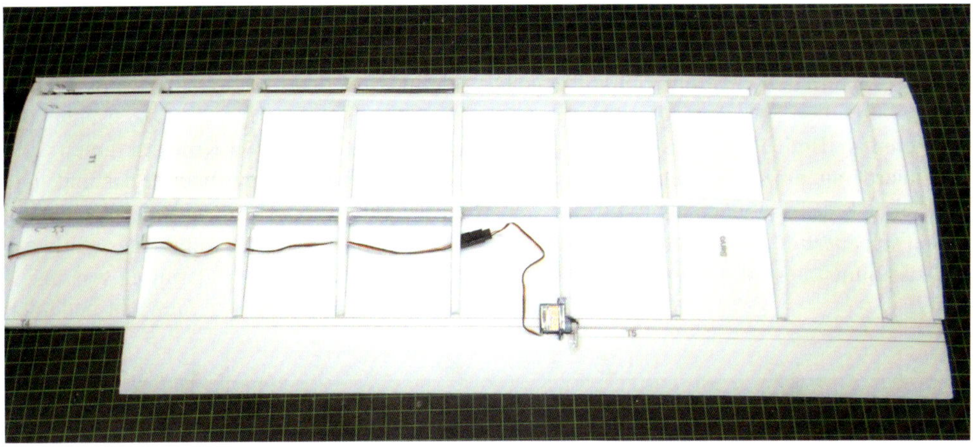

Beim meinem Wal von Scale-Parkflyer gehen die Steckungsrohre bis zur Mitte jeder Tragflächenhälfte und bieten ausreichend Stabilität

Tabelle 2:

Verwendete Rohrdicken bei unterschiedlichen Modellen						
Micro Drake 142 %	60 cm	90 g	Wurzel	Slowflyer	2 mm/3 mm	5 cm
Dornier Wal, Do24	110 cm	ca. 400-600 g	Spannweite gedrittelt	Slowflyer	4 mm CFK/ 5 mm Alu	5 cm
Dornier Wal	140 cm	ca. 700-1.200 g	Wurzel	Slowflyer	6 mm CFK/ 7 mm Alu	20 cm
DoX	165 cm	ca. 1.000-1.400 g	Spannweite gedrittelt	Slowflyer	6 mm CFK/ 7 mm Alu	5 cm
Dornier Delphin	170 cm	1.600 g	Wurzel	Slowflyer	8 mm CFK/ 9 mm Alu	40 cm
Do 18	170 cm	1.700 g	Spannweite gedrittelt	Slowflyer	8 mm CFK/ 9 mm Alu	20 cm
Dornier Wal	210 cm	3 kg	Spannweite gedrittelt	Slowflyer	8 mm CFK/ 9 mm Alu	60 cm

Die meisten meiner Wasserflugmodelle konstruiere ich mit einem festgeschraubten oder verklebten Flügelmittelteil, welches ungefähr die Breite des Höhenleitwerks hat. Da ich sehr oft mal „nebenbei“ zum Fliegen gehe, gestalte ich den Aufbau meiner Modelle gerne schnell, ohne den Einsatz von Werkzeugen. Das hat neben einer kurzen Aufrüstzeit noch den Vorteil, dass kein Werkzeug zu Hause vergessen werden kann und keine Schrauben am Strand verloren gehen können. Eine einfache Methode zur Sicherung eines gesteckten Flügels sind Neodym-Magnete. Ich fräse mit dem Dremel eine kleine Vertiefung in die Anschlussrippen beider Seiten und in diese Vertiefung wird jeweils ein kleiner Neodym-Magnet (auf die richtige Polung achten!) mit Epoxidharz verklebt. Das geht ganz einfach und sauber. Man gibt Epoxidharz in die Ausbuchtung, klebt den Magneten zuerst auf ein Stück Tesafilm und klebt den Tesafilm mitsamt dem Magneten auf die mit Epoxid gefüllte Vertiefung. Wenn das Harz trocken ist kann der Tesafilm wieder abgezogen werden und es ergibt sich eine schön glatte Oberfläche.

Der Magnet kann sehr klein gehalten werden, denn die Hauptkräfte im normalen Flug drücken die Tragfläche nach oben und nicht zur Seite. Während die Tragfläche nach oben gedrückt wird, verkantet sich außerdem das Rohr der Steckung und die Tragfläche ist von selbst gesichert. Der Magnet hat also weniger die Funktion, die Tragfläche im Flug zu halten, sondern ist eher ein Schutz gegen Herausfallen der Tragflächenteile beim Manövrieren am Boden. Das Aufrüsten des Modells wird mit einer Magnetsicherung zum Kinderspiel, das Tragflächenteil auf die Steckung schieben, der Magnet hält die Tragfläche zusammen, fertig!

8.3 Depron-Flügel

Ich möchte hier speziell auf Depron-Bauweisen eingehen, denn die klassischen bespannten Holz/Rippen-Konstruktionen sind bei den meisten Modellbauern bekannt. Die Verwendung von Holz ist beim Wasserflug problematisch. Es muss entweder stark mit Lack behandelt werden damit es wasserfest wird, was wiederum viel Gewicht bedeutet.

Zwei Paar Neondym Magnete 10×5 mm halten die Tragflächen am Mittelstück meines Dornier Wal mit 2,1 m Spannweite sicher zusammen

Oder es besteht die Gefahr, dass es sich bei Wasserkontakt vollsaugt, sich beim Trocknen verzieht und es eventuell noch unter der Folie schimmelt. Mein erster Ausflug mit einem Holzflugzeug auf das Wasser, mit einer E-Flite Piper L-4, war bei einem kleinen Missgeschick bereits ein Fiasko. Wo andere Schaumwaffeln mit der Tragfläche auf dem Kopf schwimmend maximal ein nasses Querruderservo gehabt hätten, ist die Piper bis zur Leitwerksspitze komplett untergegangen, mit dem Ergebnis, dass wirklich alles nass war.

Ein Holzflugzeug versinkt unter Umständen komplett im Wasser und der Schaden ist groß

Nach der Trocknung flog die Piper nie wieder so schön wie vorher, die Tragfläche hatte sich verzogen und reagierte nach dem Vorfall extrem giftig auf Strömungsabriss. Deshalb möchte ich hier einige Depron-Bauweisen vorstellen. Es spricht auch nichts dagegen, eine Depron-Tragfläche mit einem CFK/GFK-Rumpf zu kombinieren, so wie ich das bei meiner Do18 gemacht habe. Die Do18 ist eigentlich für eine Styro-Abachi-Tragfläche vorgesehen. Mit der Depron-Tragfläche ist sie deutlich leichter und die Haltbarkeit bei Wasserkontakt ist auf Dauer deutlich besser.Ich muss allerdings zugeben, dass ich alle paar Jahre wieder der Versuchung erliege, mir ein ARF-Modell mit Holztragflächen zu kaufen, zuletzt die Krick Canadair, die hier in dem Buch mehrfach gezeigt wird. Leider bereue ich das nach kurzer Zeit wieder, wenn Wasser in die Holztragflächen kommt, sich die Folie in Falten wirft und das Holz gammelt. Aber es spricht ja nichts dagegen, die Tragfläche für den sehr schönen GFK-Rumpf später durch eine Depron-Tragfläche zu ersetzen.

Bei meiner Do18 habe ich die mitgelieferten Styro-Abachi-Tragflächen und das Leitwerk durch mit Oracover bespannte Depron-Flächen ersetzt. Das reduzierte nicht nur das Abfluggewicht um gut 1 kg, sondern ergab auch ein gegen Wasser unempfindliches Flugzeug

8.3.1 Einteilige Außenhaut mit Rippen-Unterkonstruktion

Wird eine originalgetreue Tragfläche aus Depron gebaut, dann bietet sich diese Bauweise an. Dies ist auch die aufwändigste der hier vorgestellten Bauweisen. Die Bauweise der Innenstruktur unterscheidet sich hierbei nur wenig von der Bauweise einer klassisch bespannten Holz/Rippen-Tragfläche. Da die Außenhaut aus 3-mm-Depron eine gute Eigenfestigkeit aufweist, kann die Anzahl der Rippen fast halbiert werden. Es genügt Rippen im Abstand von zirka 13 cm zueinander zu setzen.

Für die Außenhaut gibt es mehrere Bauweisen. Eine Möglichkeit ist eine zweitteilige Außenhaut aus Ober- und Unterseite. Die Außenhaut der Flügelunterseite wird als Grundplatte benutzt. Darauf wird die Holm/Rippen-Struktur mit einer Nasenleiste aufgebaut und die Außenhaut der Oberseite darauf aufgeklebt. Bei dieser Bauweise muss die Nasenleiste sauber auf Form geschliffen werden.

Die zweite Möglichkeit ist die Außenhaut aus einem Stück Depron zu bauen und um die Nase zu biegen. Hierbei ist auf die Biegerichtung von Depron zu achten, denn es lässt sich nur in einer Richtung leicht biegen. Bitte unbedingt durch leichtes Biegen der Platte vorher die Biegerichtung testen!

Bei dieser Methode wird die Depron-Außenhaut groß genug für Ober- und Unterseite geschnitten. Die Rippen/Holm-Struktur wird auf der Unterseite aufgebaut. Die Oberseite wird umgeklappt, wenn alle inneren Strukturen verbaut sind. Wer die Tragfläche mit Oracover bespannen möchte, sollte dies vorab tun, dann kann das Depron beim Umklappen nicht einreißen. Falls das Depron nicht mit Folie beschichtet werden soll, muss die Knickstelle außen mit Paketklebeband verstärkt und bei kleinen Radien innen zum Beispiel mit einem Lineal eingekerbt werden, damit sie sich leichter und ohne zu reißen, biegen lässt.

8.3.2 Gewölbte Platte

Eine äußerst einfache Bauweise mit sehr gutmütigen Langsamflug-Eigenschaften ist die gewölbte Platte aus Depron. Bei Spannweiten bis 60 cm verwende ich 3-mm-Depron, bei Spannweiten bis 1,2 m 6-mm-Depron. Zum Bau der Fläche ermittle ich zuerst die Biegerichtung der Depron-Platte. Depron lässt sich nur in einer Richtung leicht biegen, in der anderen Richtung bricht es beim Versuch meistens. Wenn ich die Biegerichtung ermittelt habe, zeichne ich entsprechend die Tragflächenkontur auf das Depron und schneide sie aus. Dann kommt der eigentliche Bau des Profils. Dazu walke ich die Fläche mit beiden Händen langsam über eine runde Kante, beispielsweise an einer Küchenarbeitsplatte oder einem Geländer. Vorsichtig in kleinen Schritten, sodass es nicht bricht, mit der Hauptwölbung im vorderen Drittel der Tragfläche. Je nach Länge der Tragfläche und Gewicht des Flugzeuges verstärke ich die Tragfläche mit Tesafilm, CFK-Stäben oder Rippen. Die Rippen verhindern, dass sich die Tragfläche bei hoher Belastung flach biegt und damit die Stabilität verliert.

Der Bau einer Tragfläche aus einer gewölbten Platte geht extrem schnell und die Tragflächen haben sehr gute Langsamflug-Eigenschaften. Ich habe als Test für ein Flugzeug drei Tragflächen in verschiedenen Bauweisen angefertigt, um einen direkten Vergleich zu bekommen. Die gewölbte Platte war im langsamen Flug unschlagbar.

8.3.3 Jomari-Konstruktion

Die Anleitung zur Jomari-Bauweise findet sich im Internet. Hierbei wird die Tragfläche ähnlich wie in Punkt 1 gebaut, allerdings spart man sich die Rippen und setzt nur einen Holm ein. Das kann entweder durch das Aufkleben des Holms auf der Unterseite und das Umklappen der Oberseite bewerkstelligt

Um den direkten Vergleich zu bekommen, habe ich für ein Flugzeug Tragflächen in drei verschiedenen Bauweisen gefertigt

Eine gewölbte Platte als Tragfläche hat sehr gute Langsamflug-Eigenschaften und ist extrem schnell zu bauen

Bei der Jomari-Tragfläche wird auf formgebende Rippen ganz verzichtet und das Depron einfach um den Holm gefaltet. Die Eigenstabilität des Deprons ergibt dann die Profilrundung

werden oder die Tragfläche wird gefaltet, an der Endleiste verklebt und der Holm nachträglich eingeschoben. Da die Rippen fehlen, ist das Profil nicht ganz formtreu, aber die Eigenstabilität der Depron-Außenhaut ergibt eine brauchbare Rundung und gute Flugeigenschaften – bei entsprechendem Leichtbau des Flugzeuges.

8.3.4 Kline-Fogleman-Profil

Um 1973 wurde ein Profil von den Herren Kline und Fogleman ursprünglich für Papierflugzeuge erfunden. Das Profil ist speziell für den Depron-Modellbau sehr interessant, denn man erhält mit minimalem Aufwand eine sehr gutmütige Tragfläche. Es gibt verschiedene Arten von KF-Profilen. Im einfachsten Fall wird die Tragflächenform zum Beispiel aus 6-mm-Depron geschnitten und dann eine zweite Platte mit einer Stufe auf den vorderen Teil der Tragfläche geklebt. Wie groß diese zweite Platte ist hängt vom Typ des KF-Profils ab. Alleine durch die Verklebung der beiden Depron-Platten erhält die Tragfläche eine sehr hohe Stabilität und kommt in vielen Fällen schon ohne irgendwelche CFK- oder Holzverstärkungen aus. Die einfachsten KF-Profile für Depron sind das KFm-1 und KFm-2. Das KFm-2 hat etwas bessere Auftriebswerte als das KFm-1, dafür wirkt die glatte Oberseite des KFm-1 bei vorbildähnlichen Modellen optisch etwas besser. Das KFm-4 ist ein symmetrisches Profil, welches sehr gut für Kunstflugmodelle geeignet ist.

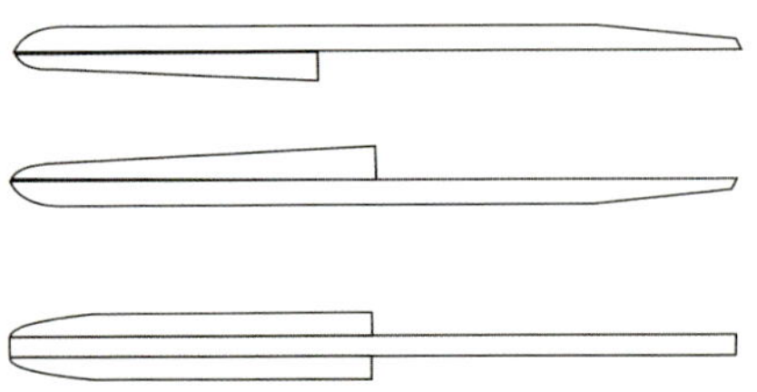

Die drei einfachsten KF-Profile für Depron

8.4 Servo-Anlenkung der Querruder

Die Anlenkung der Querruder lässt sich auf viele verschiedene Arten realisieren. Die genaue Ausführung hängt normalerweise von der Bauweise der Tragfläche und der Größe des Modells ab. Interessant wird das Thema vor allem bei teilbaren Tragflächen. Ich versuche normalerweise den Auf- und Abbau des Modells möglichst einfach mit wenigen Kabelverbindungen und ohne Werkzeug zu gestalten.

8.4.1 Steckung beim Servo im Mittelstück

Bei den meisten meiner Flugboote baue ich die Tragfläche dreiteilig, wobei das Mittelstück fest auf dem Modell verbleibt und die äußeren Teile angesteckt werden. Bei dieser Bauweise bietet es sich an, die Servos für die Querruder im Mittelstück zu platzieren und die Verbindung zum Querruder über einen Mitnehmerzapfen herzustellen. Das hat den Vorteil, dass keine Kabel ein- und ausgesteckt werden müssen. Die äußere Tragfläche wird auf das Mittelstück gesteckt. Der Zapfen vom Querruder greift in das Langloch am Servoarm, die Magnete halten die Tragfläche zusammen und schon ist man flugbereit. Der Aufbau ist eine Sache von wenigen Sekunden, jetzt nur noch Akku rein und es kann losgehen. Das Packmaß vergrößert sich dadurch nur minimal, da die Stummel und das Leitwerk ungefähr dieselbe Breite haben. Ein weiterer Vorteil ist, dass von den Tragflächenteilen keine Ruderhörner oder Drähte abstehen. Bei Lagerung und Transport können die Teile flach aufeinander gelegt werden, ohne dass Beschädigungen entstehen. Der Bau ist etwas kniffliger im Vergleich zu einer normalen Anlenkung. Aber mit etwas Geschick ist es nicht allzu schwer:

Die Achse des Servohebels muss exakt auf der Achse der Querruderscharniere liegen. Sollte die Achse des Servos etwas neben der Querruderachse liegen, muss das Loch auf dem Servoarm, in welches der Querruderstift greift, ein Langloch sein. Vor dem Verschließen des Querruders wird auf Höhe der Servoachse, im seitlichen Abstand von zirka 2/3 der Servoarmlänge ein CFK-Stab mit Epoxidharz fest im Querruder verankert. Das Querruder wird auf die Scharniere gesteckt und die Position des Servos im Flügelmittelstück wird festgelegt und ausgeschnitten. Das Servo wird befestigt, das Querruder wird mit dem Scharnier verbunden. Wenn jetzt präzise gebaut wurde, greift der CFK-Stab beim Anbringen des äußeren Tragflächenteils genau in den Servoarm.

8.4.2 Klassische Anlenkung über Ruderhörner

Bei der Anlenkung über Ruderhörner wird der Servoarm über einen Draht mit dem Ruderhorn an dem Querruder verbunden. Auch hier gibt es wieder vielfältige Möglichkeiten, sei es über Gabelköpfe, Z-förmig gebogenem Draht oder Schraubklemmen. Die Bauweise ist relativ einfach, quasi Grundhandwerk beim Modellbau. Allerdings müssen bei einer abnehmbaren Tragfläche entsprechende Kabel gesteckt und die Tragflächen können zum Transport nicht aufeinander gelegt werden, da die Ruderhörner sonst eventuell Beschädigungen verursachen können.

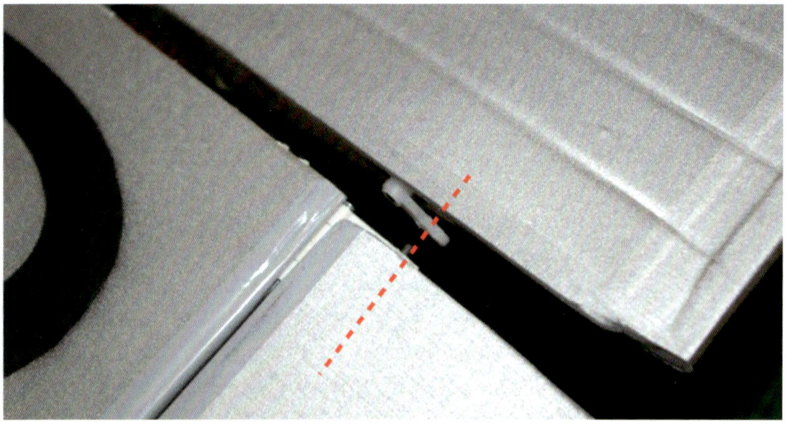

Die Tragflächenaußenteile werden in die Alusteckung des Mittelstücks geschoben, die Querruder greifen mit kleinen CFK-Zapfen in die Servoarme und die Magnete halten alles zusammen

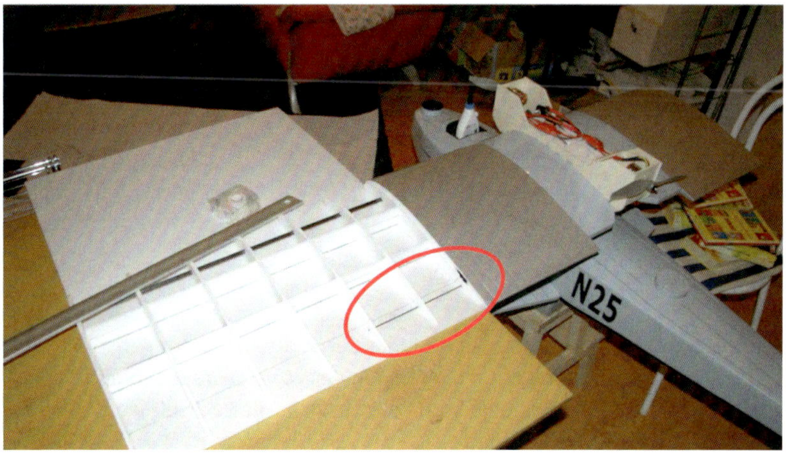

Der CFK-Querruder-Mitnehmerzapfen ist ein 10-cm-CFK-Stab, der vor dem Verschließen der Tragfläche im Querruder mit Epoxidharz verklebt wird

Do18 Querruder-Anlenkung

8.4.3 Direktanlenkung

Bei der Direktanlenkung ist die gesamte Anlenkung unsichtbar im Inneren der Tragfläche untergebracht. Zusätzlich ist die Anlenkung komplett spielfrei und direkt, denn es gibt keine Drahtverbindungen die ein Spiel aufweisen können.

Gebaut wird wieder wie in Punkt 1 beschrieben. Das Servo und die komplette Mechanik wird vor dem Schließen und Abschneiden des Querruders im Flügel verbaut. Das Servohorn wird zusätzlich im Querruder verklebt. Wenn man jetzt das Querruder losschneidet und wieder anscharniert, dann passt es exakt.

Eine Möglichkeit der direkten Querruder-Anlenkung ist, das Servo direkt auf der Achse des Querruders zu verbauen und den Servoarm, der nicht mit dem Servo verschraubt sondern nur aufgesteckt ist, mit dem Querruder zu verkleben. Wenn das Servo ausgewechselt werden muss, kann es einfach vom Servoarm abgezogen werden

8.4.4 Torsions-Anlenkung

Die Torsions-Anlenkung erlaubt die Ansteuerung beider Querruder über ein zentrales Servo im Inneren des Rumpfes. Beim Wasserflug bringt das natürlich den großen Vorteil, dass das Servo sehr gut vor Spritzwasser geschützt ist. Beachtet werden muss jedoch, dass die Verbindung der Torsionsstäbe mit dem Querruder möglichst nah an der Achse der Querruderscharniere liegt. Falls die Achse der Torsionsstäbe von der Achse der Querruderscharniere abweicht, ist eine „schwimmende Verbindung" nötig, indem die Torsionsstäbe beispielsweise auf dem Querruder nicht fest verklebt sind, sondern in einem Rohr stecken. Mit der Torsions-Anlenkung lassen sich auch Tragflächen-Steckverbindungen realisieren.

Eine mechanische Querruder-Differenzierung ist nur möglich, wenn statt einem zentralen Servo zwei zentral angebracht Servos benutzt werden.

8.4.5 Korrosion in Bowdenzugrohren

Wo Wasser und Metall zusammentreffen, kann auch Korrosion oder Rost auftreten. Bei Wasserflugzeugen sollten daher Laufflächen aus Metall vermieden werden. Das betrifft auch die Ruderanlenkungen. Bei meinen ersten Modellen habe ich die Anlenkung des Seiten- und Höhenruders mit einem 0,9-mm-Draht realisiert, der in einem 1-mm/2-mm-Bowdenzugrohr verläuft. Das funktionierte am Anfang alles wunderbar, doch bereits während der ersten Winterflugsaison fing der Draht an zu rosten bis er komplett fest saß. Es würde wahrscheinlich helfen, den Draht vor dem Einbau zu fetten. Allerdings vermeide ich das gerne, denn Fett am Rumpf ist der natürliche Feind jeder guten Lackierung. Einfache Abhilfe schafft bei größeren Modellen die Verwendung eines 2-mm/3-mm Bowdenzug-Außenrohres, welches im Rumpf verklebt wird. In dem Kunststoff-Außenrohr läuft das Kunststoff-Innenrohr mit dem Draht. Daher läuft Kunststoff auf Kunststoff. Festrosten ist kein Thema mehr.

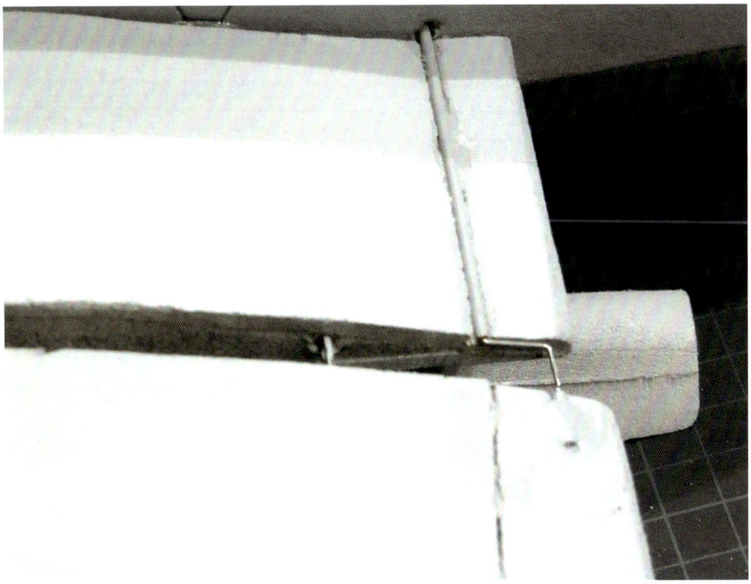

Bei kleinen Modellen kann eine Torsions-Anlenkung gebaut werden, bei der ein zentrales Servo die auf der Querruder-Scharnierachse verlaufenden Hebeldrähte aussteuert. Im Bild ist eine steckbare Tragfläche, die über Steckungen mit der Torsions-Anlenkung des Mittelstücks verbunden wird, zu sehen

9 Einfache Kastenrümpfe aus Depron

Viele klassische Flugboote und Schwimmerflugzeuge besitzen einen nahezu kastenförmigen, eckigen Rumpfquerschnitt. Diese Form lässt sich sehr einfach in Depron umsetzen. Auch hier kann man sich, wie bei der Tragflächenkonstruktion, die Eigenschaft von Depron als tragende Außenhülle zunutze machen. Beim Bau meines ersten Flugbootes habe ich mich an der klassischen Bauweise orientiert, ein stabiles Gerippe und eine dünne Außenbeplankung. Das hat aber verschiedene Nachteile. Erstens ist das Gerippe beim Einbau der Elektronik immer im Weg. Zweitens greift und hält man das Modell an der Außenhaut, welche dünn und empfindlich ist. Meine nachfolgenden Modelle habe ich daher komplett für die Depron-Bauweise optimiert konstruiert: Dicke Außenhülle, wenig innen drin. Für die Außenhaut wird 6-mm-Depron verwendet, dadurch wird das Modell sehr „grifffest“ und stabil. Der Innenraum ist fast leer, es gibt nur ein paar wenige formgebende Spanten, aber keinen Längsspant. Diese Bauweise ist nicht nur sehr einfach umzusetzen, sondern auch sehr leicht und äußerst stabil. Ich hatte mit derart gebauten Modellen schon mehrmals Abstürze, die andere Modelle zerstört hätten. Aber bei dieser Bauweise gab es keine stärkeren oder sogar überhaupt keine Schäden.

Ich versuche im Folgenden eine kleine Anleitung zur Konstruktion einfacher Rumpfformen zu geben. Viele Modelle lassen sich auf diese Art und Weise bauen. Eventuell erfordern manche Modelltypen andere Vorgehensweisen, jedoch hoffe ich in den folgenden Abschnitten die eine oder andere Anregung geben zu können.

9.1 Übertragen der 3-Seiten-Ansicht

Als Voraussetzung für einen Bau ohne Bauplan wird eine 3-Seiten-Ansicht in der geplanten Baugröße benötigt. Mein lokaler Copy-Shop hat hierfür einen Kopierer mit 90 cm breitem Endlospapier, auf dem ich meine, meistens aus dem Internet ausgedruckte 3-Seiten-Ansicht auf die Baugröße vergrößere. Vor dem Kopieren platziere ich die Draufsicht der Oberseite oder/und Unterseite passgenau über der Seitenansicht, das erleichtert das Festlegen und Abmessen der formgebenden Spanten. Des Weiteren zeichne ich vor dem Kopieren die Spanten in meine 3-Seiten-Ansicht ein, sodass diese direkt mit dem Plan vergrößert werden. Auch hier gilt: weniger ist oft mehr. Je nach Form des Modells reichen einige wenige Spanten aus, um die Rumpfform zu definieren. Die Stabilität ergibt sich am Ende durch den verkasteten Rumpf und nicht durch die Spanten.

Spanten werden nur im Bereich von Rundungen, zum Beispiel am Bug, an der Stufe und zur Befestigung der Tragfläche benötigt. Bei meinem Dornier Wal mit 2,1 m Spannweite sind zum Beispiel sieben Rumpfspanten völlig ausreichend.

Bei dem Dornier Wal reichen nur wenige Spanten und der Innenraum bleibt fast leer

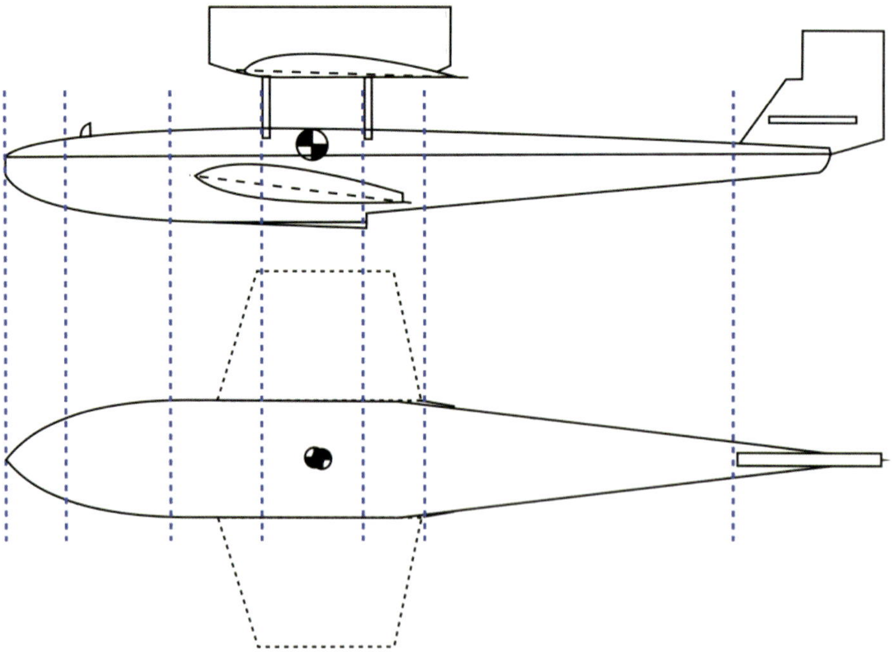

Eine typische Spantenaufteilung: Sechs Spanten reichen aus, um den Dornier Wal in Form zu bringen

In der groben Planungsphase versuche ich, einen möglichst großen Anteil an eckigem Querschnitt innerhalb des originalen Rumpfquerschnittes festzulegen. Hierbei können Abweichungen und Vereinfachungen zum Original hilfreich sein. Als Beispiel: Ein flacher Rumpfboden anstatt eines V-förmigen Kieles vereinfacht den Bau wesentlich. Ein flacher Boden hat den Vorteil, dass weniger Spritzwasser beim Start erzeugt wird und das Driften durch Kurven erleichtert wird. Optisch fällt diese kleine „Schummelei" kaum auf, solange der Bug eine originalgetreue Kielung hat. Der flache Boden vereinfacht den Bau, denn er erleichtert es, den Rumpf ohne Verzug zu bauen. Er bildet sozusagen eine Referenzebene, auf die das Modell beim Verkleben exakt aufgelegt wird.

Eine weitere Vereinfachung ist es, einen runden Rumpf eckig zu bauen, von innen mit Depron-Streifen auszufüttern und danach rund zu schleifen. Da sich Depron sehr leicht und schnell schleifen lässt, hält sich der Aufwand für das Schleifen in Grenzen. Diese Bauweise bietet sich für kleine Modelle oder Rumpfradien an. Um die Schleifarbeiten zu erleichtern, kann auch vor dem Schleifen mit dem Messer vorsichtig die Kante schräg geschnitten werden.

Wenn der Rumpf der Do24 aus 6-mm-Depron gebaut wird und die Kanten mit Depron-Streifen aufgefüttert werden, dann ist genügend Material vorhanden um runde Rumpfformen zu schleifen

Die Do24 nach der Schleiforgie rund geschliffen

Ist die gerade Seitenebene festgelegt, dann wird diese in die Seitenansicht eingezeichnet. Damit wird die erste Schablone für die beiden Seitenteile festgelegt. Hierbei werden etwaige Veränderungen zum Original, wie eventuell eine höhere Stufe berücksichtigt. Da eine Seitenteilschablone, die direkt aus der Seitenansicht übernommen wird, die Abwicklung am Bug nicht berücksichtigt, wird die Schablone in den Bereichen der Rundung von Hand „gestreckt". Um wie viel das Seitenteil gestreckt werden muss, kann am Besten in der Draufsicht abgemessen werden. Im Heckbereich ist eine Verlängerung nicht unbedingt nötig.

In der Schablone für die Seitenteile sollten jetzt bereits die Spanten eingezeichnet und nummeriert sein. Daraus lässt sich direkt die Höhe der einzelnen Spanten abmessen. Aus der Draufsicht ergibt sich die Breite der einzelnen Spanten und jetzt können aus diesen beiden Informationen die rechteckigen Spanten ausgeschnitten werden. Eine Schablone wird hierzu nicht unbedingt benötigt, der Spant kann direkt mit dem Geodreieck auf das Depron gezeichnet und ausgeschnitten werden.

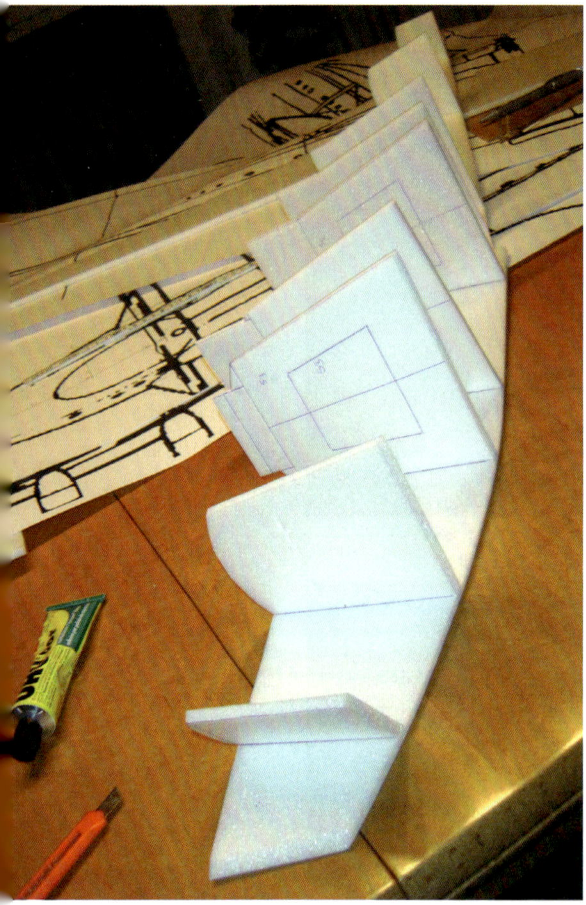

Die Spanten werden zuerst alle auf eine Rumpfseite aufgeklebt. Danach wird die zweite Rumpfseite verzugsfrei auf die Spanten geklebt

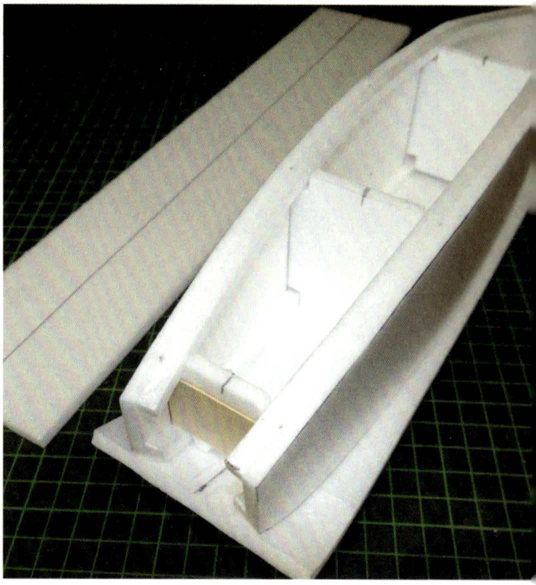

Boden und Deckel werden einfach mit Übermaß auf die Seitenteile geklebt und dann passend abgeschnitten und geschliffen

Der Boden und der Deckel des Rumpfes werden entweder direkt aus der Draufsicht als Schablone übernommen oder am einfachsten mit viel Übermaß auf den Rumpf geklebt. Anschließend werden die überstehenden Ränder entlang der Seitenteile mit dem Messer abgeschnitten.

9.2 Krafteinleitungen mit EPP

Ein wichtiges Thema bei der Konstruktion des Rumpfes ist die Krafteinleitung an den Tragflächenbefestigungen und natürlich bei Schwimmerflugzeugen von der Schwimmerstrebenbefestigung. Viele Modellbauer würden an diesem Punkt zu Holz greifen. Jedoch hat Holz in Verbindung mit einer Depron-Konstruktion und generell im Wasserflug Nachteile und wird bei mir nur in seltenen Fällen verwendet. Wird ein Holzspant mit einer Depron-Seitenwand verklebt, ergibt sich eine relativ kleine Klebefläche im Vergleich zur vorgesehenen Belastung. Wird stattdessen 2 cm dickes EPP-Material genommen, dann ergibt sich eine sehr großflächige Verklebung mit einem sehr stabilen Material, welches den Eigenschaften von Depron in Sachen Elastizität deutlich näher kommt als Holz und deshalb im Belastungsfall die bessere Verbindung ergibt. Die Krafteinleitung einer Strebe ist, wenn sie komplett in EPP umschlossen verklebt ist, deutlich belastbarer als eine geschraubte Verbindung. Bei einer geschraubten Verbindung tritt eine punktuelle Belastung an der Schraube auf. Auch eine verklebte Verbindung bei der nur eine Seite der Strebe mit Holz verklebt ist, ist nicht so belastbar wie eine komplett in EPP eingebettete verklebte Strebe. EPP eignet sich auch hervorragend als Innenskelett für stark beanspruchte Teile der Konstruktion, wie etwa die Einleitung der Belastung der Motoraufhängung oder der Tragflächenbefestigung in den Rumpf.

Der Kern vieler meiner Modelle besteht aus EPP. Hier bei meinem Dornier Wal besteht die Verbindung der Tragflächenstreben, Holme und des Stummelholmes aus EPP. Dadurch haben diese am meisten belasteten Strukturen eine optimale Krafteinleitung in den Depron-Rumpf

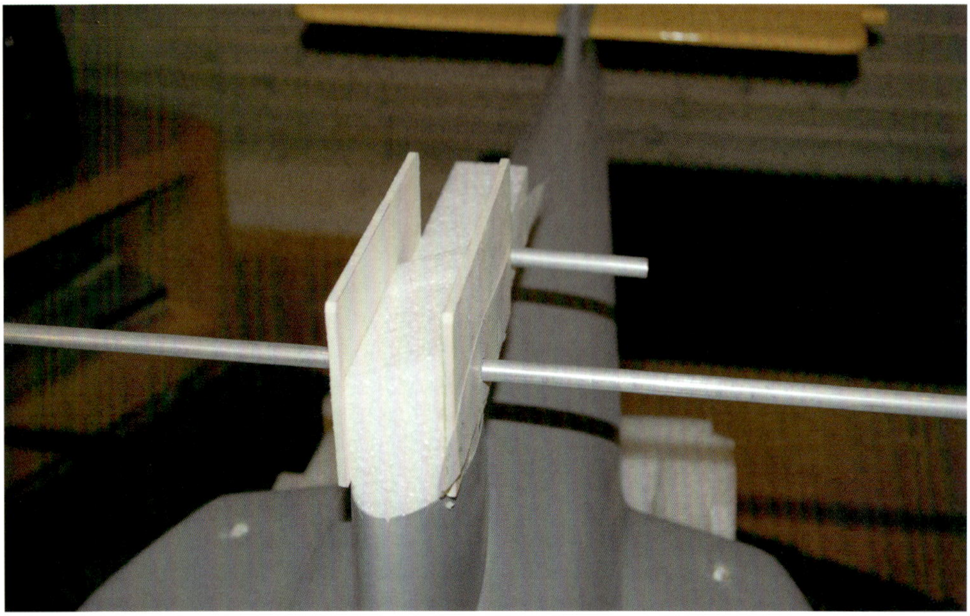

EPP eignet sich nicht nur bei Depron als Krafteinleitung. Auch die stützenden Innereien meiner GFK-Do18 bestehen aus wasserfestem EPP

Die einzigen Holzkomponenten an meinen Wasserflugmodellen sind normalerweise die Motorträger, wie hier bei der Dornier Delphin

9.3 Vorgehensweise beim Bau

Die Basis für den Bau von Depron-Modellen bildet, egal ob es sich um einen fertigen Bauplan handelt oder ein selbst konstruiertes Modell, immer eine mehr oder weniger große Anzahl an Papierschablonen. Diese Schablonen können entweder mit Karton hinterlegt werden und die Formen werden auf das Depron übertragen. Oder der Papierausdruck wird direkt als Schablone benutzt. Wenn man etwas Feingefühl mitbringt, erspart man sich das zeitaufwändige Bekleben und Ausschneiden des Kartons. Wenn man die Papierschablone auf das Depron legt, kann sie mit leichter Hand mit einem Kugelschreiber umfahren werden. Gerade Linien werden dabei nicht durchgezogen, sondern nur Anfang und Ende markiert und dann direkt mit einem Alulineal geschnitten. Von der Papierschablone werden also nur Rundungen und Ecken übertragen. Dazwischen werden gerade Linien direkt geschnitten.

Bei meiner Bauweise sind auf den Schablonen der Seitenteile die Spanten eingezeichnet. Wichtig: Die Position der Spanten muss genau wie im Plan auf beiden Seitenteilen exakt gleich eingezeichnet werden, sonst ist Verzug garantiert. Zum Übertragen der Position schneide ich am oberen und unteren Ende des eingezeichneten Spants kleine Schlitze in die Schablone, durch die ich eine Markierung mit dem Kugelschreiber durchdrücke. Nicht vergessen, eine linke und eine rechte Seite der Seitenteile vorsehen. Die Papierschablone muss für das zweite Teil einmal gewendet werden. Das klingt selbstver-

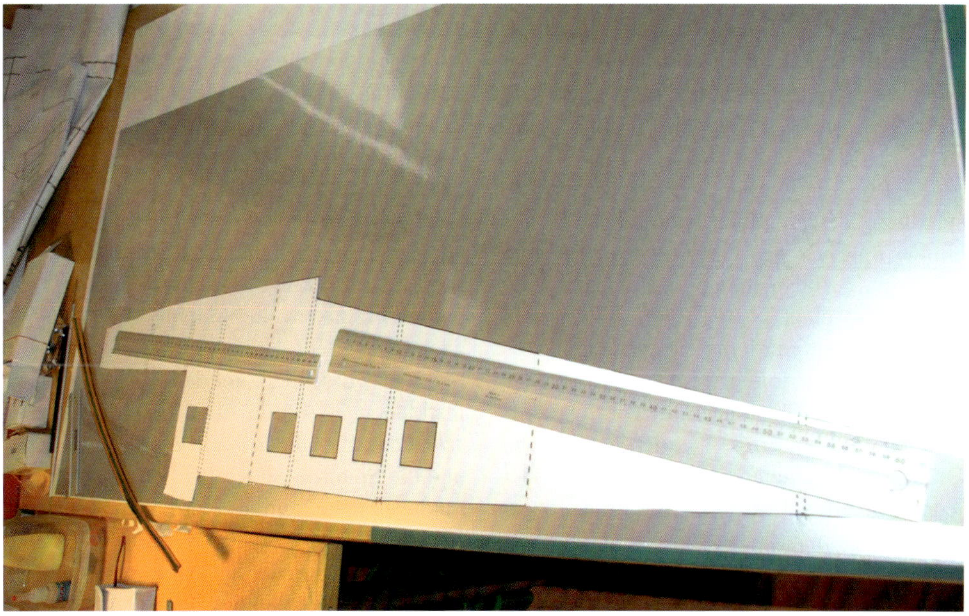

Zum Übertragen der Bauteile lege ich die Papierschablonen direkt auf das Depron und umfahre sie vorsichtig mit einem Kugelschreiber. In diesem Fall habe ich das Depron schon vorher mit Oracover bespannt. Auf diese Weise musste ich nach dem Zusammenbau nur noch 1 cm breite Oracover-Streifen um die Kanten legen

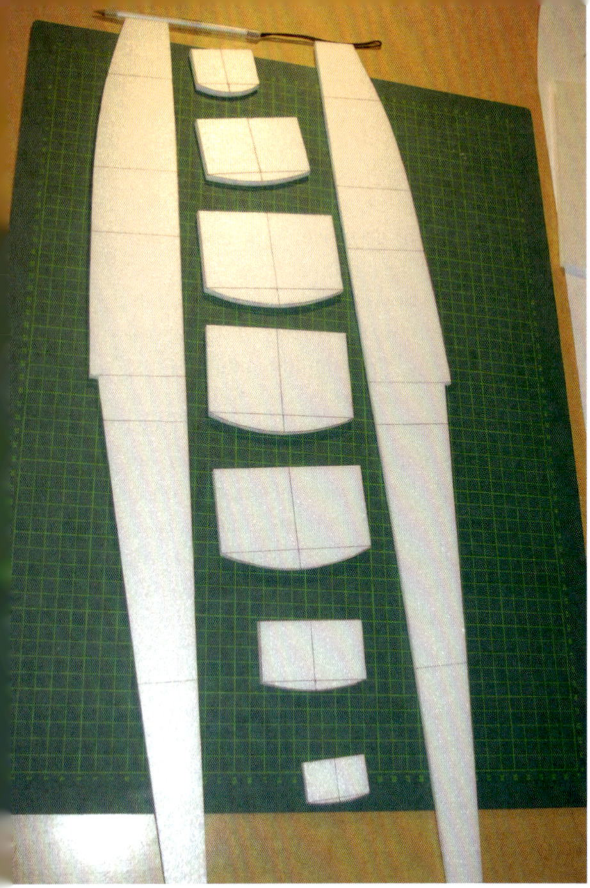

Die Position der Spanten wird von der Schablone auf die Seitenteile übertragen

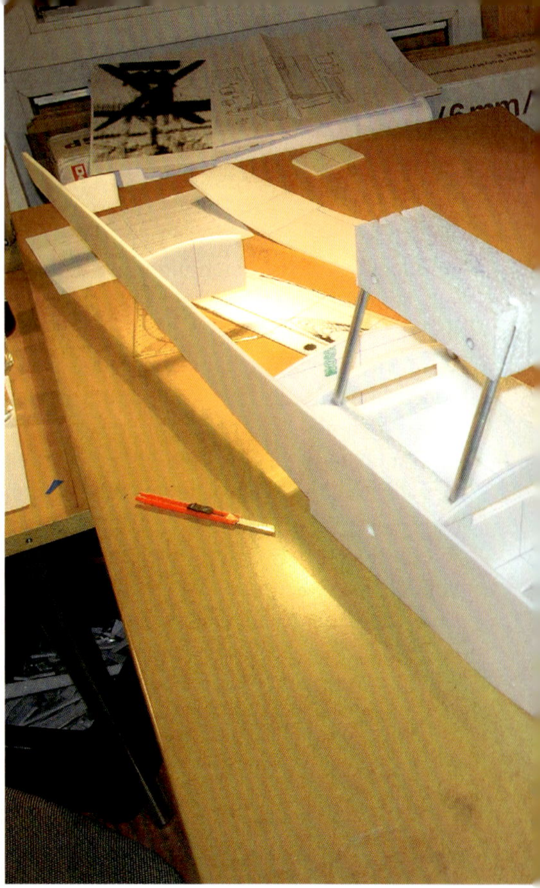

Zuerst werden alle Spanten und Innenstrukturen auf das erste Seitenteil geklebt

ständlich, aber dennoch habe ich nicht nur einmal im Eifer des Gefechts zwei gleiche Seiten aufgezeichnet und durfte dann eine Seite neu machen.

Die Spanten werden entweder nach vorhandenen Schablonen ausgeschnitten oder bei einfachen Kastenrümpfen mit rechteckigen Spanten direkt aus den Maßen aus Drauf- und Seitenansicht konstruiert. Bei jedem Spant sollte die Mittellinie eingezeichnet werden. Diese Mittellinie ist beim Schließen des Rumpfes mit Deckel und Boden eine wertvolle Hilfe, um zu sehen, ob alles genau gerade und ohne Verzug gebaut ist. Wenn alle Mittelmarkierungen der Spanten auf einer Linie sind, dann ist der Rumpf gerade.

Jetzt nimmt der Rumpf sehr schnell Gestalt an. Zuerst werden alle Spanten und inneren Strukturen auf ein Seitenteil geklebt und dann wird das zweite Seitenteil mit Uhu Por dagegen geklebt. Um zu vermeiden, dass die Spanten vorschnell an der falschen Stelle festkleben, wird ein Stück Backpapier zwischen das mit Uho Por vorbereitete Seitenteil und die Spanten gelegt. Das Backpapier verhindert ein vorzeitiges Verkleben. Wird das Backpapier jetzt Stück für Stück weggezogen, dann kann jeder Spant ordentlich und in Ruhe positioniert und festgedrückt werden. Während des Verklebens des zweiten Seitenteiles wird der Rumpf am besten mit einer flachen Linie auf den Tisch gelegt, sodass sich kein Verzug bildet.

Bereits vor dem kompletten Verschließen des Rumpfes werden die Servos und Bowdenzüge eingebaut. Für den Deckel und den Boden wird in den meisten Fällen nicht unbedingt eine Schablone benötigt, denn die Form ist bereits durch das Gebilde aus Spanten und Seitenteilen vorgegeben. Ist keine Schablone für Deckel und Boden vorhanden, dann wird ein Depronteil mit Übermaß ausgeschnitten und eine Mittellinie aufgezeichnet. Wird jetzt diese Platte eben auf den Tisch gelegt und die Seitenteile/Spanten mit der Mittellinie und Mittenmarkierungen übereinander liegend mit Uhu Por verklebt, sollte man einen symmetrischen und verzugsfreien Rumpf erhalten. Auch hierbei kann man sich wieder des Backpapiers bedienen, sodass man genügend Zeit und Ruhe hat, die Mittenmarkierung eines jeden Spantes genau auf der Mittellinie zu platzieren. Das über die Seitenteile überstehende Depron wird jetzt einfach mit einem scharfen Messer abgeschnitten und danach entsprechend des Rumpfquerschnittes verschliffen.

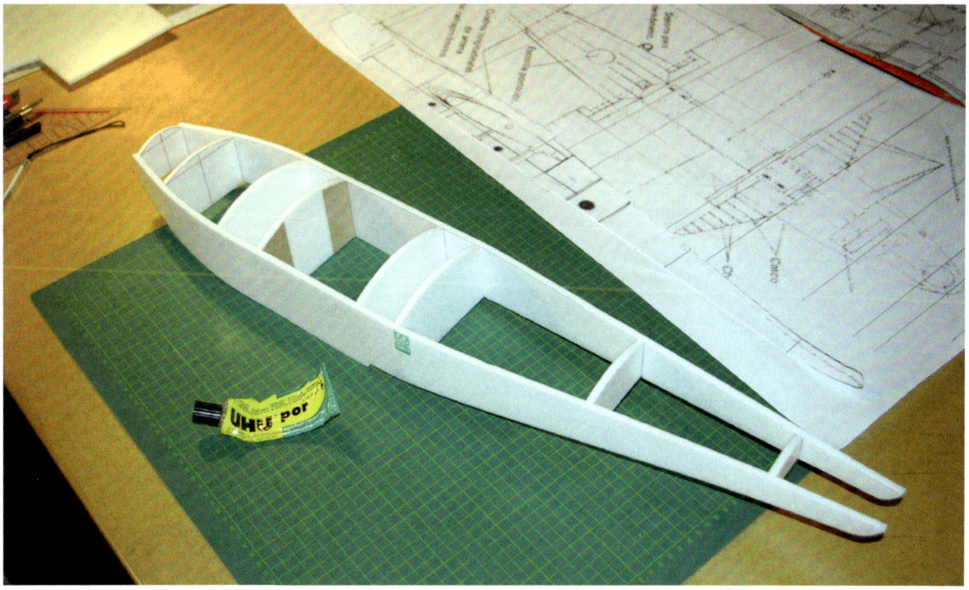

Im zweiten Schritt werden beide Seitenteile und Spanten zusammengefügt. Hierbei auf eine ebene Unterlage achten und ohne Verzug verkleben

Der Boden wird mit Übermaß aufgeklebt. Auf dem Boden befindet sich eine Mittellinie die mit den Mittellinien auf den Spanten auf Deckung verklebt wird. Damit ist gewährleistet, dass der Rumpf gerade ist

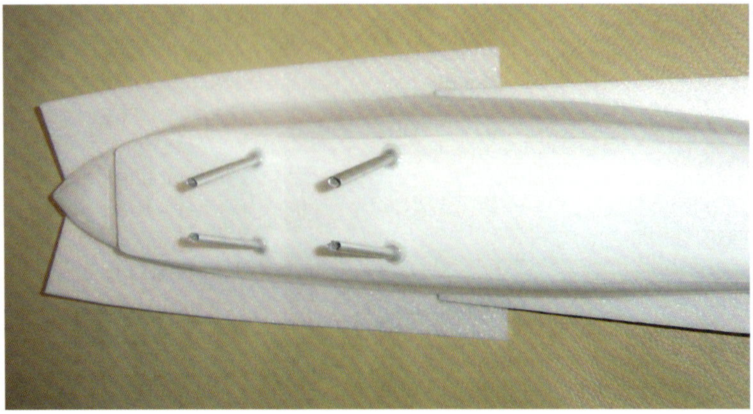

Die Motorgondeln werden nach demselben Prinzip wie der Rumpf konstruiert. Als Krafteinleitung für den Motor empfiehlt sich auch hier wieder ein massiver EPP-Block, welcher in den Rumpf geklebt und auf welchen eine Sperrholzplatte zur Verschraubung des Motorträgers geklebt wird.

Am Ende dieser Baustufe hat man bereits den Rumpf in seiner endgültigen Form und es fehlt nur noch eine geeignete Oberflächenbeschichtung und selbstverständlich das Anbringen von Details.

Für die Befestigung des Motors eignet sich wieder ein massiver EPP-Block. Damit ist eine gute Krafteinleitung in den Rumpf gewährleistet

9.4 Größenanpassung des Leitwerks

Wie ich bereits anhand der vergrößerten Stufe beschrieben habe, kann es bei einem kleinen Modell sinnvoll sein, etwas vom Original abzuweichen um die erforderliche Funktionalität zu erhalten. Das Gleiche gilt auch für das Leitwerk. Als Daumenregel gilt, dass die Zeichnung des originalen Leitwerks um zirka 10 % bis 15 % vergrößert wird, um vernünftige Flugeigenschaften zu erreichen. Je größer das Modell ist, um so weniger muss getrickst werden. Bei einem 2-m-Modell kann man sich schon sehr genau an den Originalmaßen orientieren, während bei einem 0,7-m-Modell die Vergrößerung notwendig ist. Bei meinem Dornier Delphin, welcher als kostenloser FMT-Download-Plan erhältlich ist, habe ich das Seitenleitwerk bei 1,7 m Spannweite im ersten Schritt mit Originalmaßen gebaut. Bei den Flugtests reagierte das Modell sehr schlecht auf das Seitenruder und bei stärkeren Seitenruder-Ausschlägen verlor es jede Richtungsstabilität und schmierte ab. Das Seitenruder hatte bei stärkeren Ausschlägen einen Strömungsabriss. Nachdem ich die Steuerfläche nachträglich vergrößert habe, folgte das Modell problemlos den Seitenruder-Steuerbefehlen.

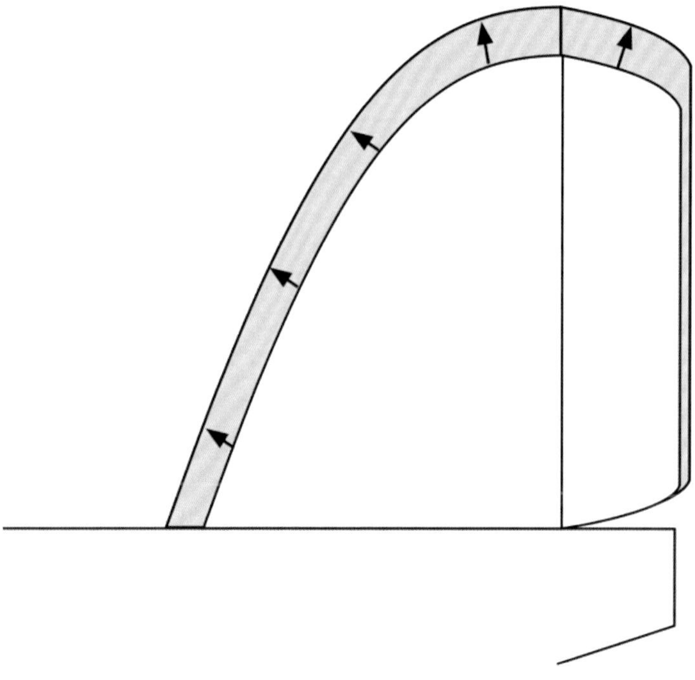

Bei kleineren Modellen empfiehlt es sich, die Leitwerksflächen im Vergleich zum Original um zirka 10 % zu vergrößern. Das geht am einfachsten auf dem Kopierer

10 Oberflächenbeschichtungen für Depron-Konstruktionen

Der für die Optik wohl wichtigste Teil ist die Oberflächenbehandlung des Modells. Letztendlich ist es egal ob das Modell im Kern aus Schaum oder Holz besteht. Für die Optik ist entscheidend, wie die Oberfläche gestaltet wird. So sind auch einige der schönsten Wasserflugmodelle die ich kenne, im Kern auf Schaum aufgebaut und dann mit Glasfaser laminiert und gestaltet worden. Die bisher beschriebene Schaum/Depron-Konstruktion kann als Basis für ein einfaches Zweckmodell oder für ein hochaufwändiges Scale-Modell dienen. Das ist letztendlich eine Frage der Wünsche des Modellbauers. Bei allen hier vorgestellten Methoden ist die Vorbehandlung der Arbeitsfläche wichtig. Das Modell muss fettfrei sein, am besten wird es vorher komplett mit Spritus abgerieben und Unebenheiten sollten gespachtelt und verschliffen sein. Zum Spachteln eignet sich am besten Moltofill-Leichtspachtel aus dem Baumarkt.

Neben der Verbesserung der Optik haben alle Methoden, bei denen ein zusätzliches Gewebe oder eine Folie aufgetragen wird, auch noch eine Erhöhung der Stabilität der Struktur zur Folge. Bei der Parkettierung mit Japanpapier erhöht sich die Oberflächenfestigkeit. Stärkere Stöße bedeuten Beulen, die eventuell sogar „scale“ aussehen können. Mit meinem kleinen Dornier Wal bin ich einmal zu schnell gegen einen Steg gefahren, die Nase wurde an der Spitze etwas gestaucht und es sieht genau so aus wie gestauchtes Blech. Ich konnte diese „Beschädigung“ als originalgetreue Gebrauchsspuren am Modell belassen.

Die Beschichtung mit Glasfasermatten erhöht durch die harte Oberfläche die Stabilität der Struktur insgesamt. Wenn die Stoßeinwirkung allerdings zu groß ist bricht die Oberfläche, da sie nicht elastisch ist.

Die Beschichtung mit Oracover-Folie ergibt eine hochelastische Verbindung mit dem Depron. Da die Folie das Einreißen der Depron-Oberfläche verhindert, kann ein derartig bespanntes Stück Depron sogar gefaltet werden, ohne dass es bricht. Ich bin einmal mit einem mit Oracover bespannten Flugzeug mit dem Flügel gegen ein senkrecht stehendes Drahtseil geflogen. Während ich zu dem Modell gelaufen bin habe ich eigentlich erwartet, dass die Tragfläche glatt abgeschnitten ist. Zu meiner Überraschung habe ich keinerlei Beschädigung finden können. Erst bei genauem Hinsehen habe ich an der Stelle, wo das Drahtseil die Fläche berührt hat, leichte Kratzer auf der Folie gefunden. Die Stabilität und Oberflächenfestigkeit erhöhen sich durch die Folienbespannung enorm.

10.1 Lackierung mit wasserlöslichen Lacken

Natürlich erhöht jede Beschichtung das Fluggewicht. Wenn ich ein Modell wirklich leicht bauen will, dann lackiere ich das sauber geschliffene und verspachtelte Depron direkt mit wasserlöslichem Lack. Ich höre von anderen Modellbauern dann des Öfteren Einwände, dass so ein Modell ja nicht lange hält. Wird das Modell vorsichtig behandelt, vor allem bei Transport und Lagerung, dann hat man auch an einem Modell mit nackter Schaumoberfläche lange Freude – speziell im Wasserflug, wo Beschädigungen durch den Boden ausbleiben. Das gilt natürlich vor allem für kleinere Modelle, wo das Risiko irgendwo anzustoßen geringer ist, wenn sie durch die Wohnung bugsiert werden, als bei großen Modellen. Ich habe sehr viele kleinere Modelle aus lackiertem Depron, welche ich schon seit Jahren in Gebrauch habe ohne dass eine optische Verschlechterung eingetreten ist. Man darf diese Modelle eben nicht zusammen mit dem Werkzeug in den Kofferraum werfen. Aber das würde man auch mit aufwändig gestalteten GFK-Modellen nicht machen. Der Nachteil eines lackierten Schaummodells bleibt allerdings, dass bei genauem Hinschauen immer die Schaumstruktur erkennbar ist. Dafür gibt es jedoch eine Abhilfe! Als Füller oder Grundierung eignet sich mit Talkum oder Baby-Puder eingedickter Parkettlack, zum Beispiel Obi Aqua Clou. Das Modell wird nach der Grundierung mit 600er-Schleifpapier nass abgeschliffen und dann ist die Schaumstruktur nicht mehr erkennbar.

Als sehr gut zu verarbeitender Sprühlack haben sich bei mir Sprühdosen der Dupli Color Art Deco Line Matt bewährt. Das Sprühergebnis ist bei allen Farbtönen außer Silber hervorragend. Für Silber eignet sich nach meiner Erfahrung die Sprühfarbe

Eine kleine Dornier Libelle aus Depron mit Parkettlack und Airbrush veredelt

von Krick, erhältlich bei EEP-Versand.de am Besten, um eine möglichst gleichmäßig schimmernde Oberfläche zu erreichen. Natürlich kann die Farbe auch mit einem Pinsel oder einer Airbrush-Pistole aufgetragen werden. Sehr gut geeignet sind zum Beispiel Revell Aqua Color oder andere wasserlösliche Acryl-Farben.

10.2 Parkettieren mit Japanpapier

Eine klassische Methode ist das Bespannen des Modells mit Japanpapier und Parkettlack. Diese Methode wende ich für das ganze Modell ab Spannweiten von etwa 1 m an. Das Gewicht erhöht sich pro 10 cm × 10 cm parkettierter und lackierter Fläche um etwa 0,9 g, je nachdem wie viele Lackschichten aufgebracht werden. Zum Vergleich: 10 cm × 10 cm Depron der Stärke 3 mm wiegt zirka 1,4 g und Depron der Stärke 6 mm zirka 2,2 g. Bei kleineren Modellen beschränke ich zur Gewichtsersparnis diese Beschichtung auf den unteren Bereich bis zur Wasserlinie. Dadurch ist der Rumpf dicht und geschützt, falls mal Steine im Wasser liegen sollten. Der Hauptvorteil eines mit Parkettlack und Papier bespannten Modells ist, dass die Oberfläche sehr gut geschliffen und detailliert werden kann. Am Ende ist nicht mehr erkennbar, dass es sich um ein Schaumodell handelt.

10.2.1 Vorgehensweise beim Parkettieren

Die Papierstücke werden grob zugeschnitten. Wenn die Übergänge unsichtbar sein sollen, dann reißt man das Papier am besten in passende Stücke. Ich tarne die Übergänge

Revell Aqua Color lässt sich „kinderleicht" und gleichmäßig mit dem Pinsel auftragen

zwischen den einzelnen Papierstücken meistens als Blechstöße und schneide gerade Linien, die am Rumpf die Position möglicher Blechstöße haben.

Zuerst werden die Kanten und Ecken mit zirka 2 cm breiten Streifen eingefasst. Das geht leichter als zu versuchen, die großen Seitenteile um die Kanten zu legen und in Ecken zu drücken. Die Reihenfolge ist immer von klein nach groß. Zuerst kommen die kleinen Teile wie Ecken und Umfassungen, dann die großen Teile darüber.

Die zu beschichtende Fläche wird mit Parkettlack eingepinselt. Das Papier wird auf das Modell aufgelegt und mit dem Pinsel durch Bestreichen angedrückt. Wenn das Papier ganz getränkt ist, wird überschüssige Farbe mit dem Pinsel wieder aufgenommen. Dieser Arbeitsgang des Aufbringens des Papiers ist am zeitaufwändigsten, da immer nur ein Abschnitt bearbeitet werden kann und dieser dann trocknen muss. Gleichzeitig muss darauf geachtet werden, dass sich das Arbeitsstück beim Trocknen nicht verzieht, denn das Papier spannt sich beim Trocknen etwas. Bei dünnen Teilen wie dem Leitwerk werden beide Seiten gleichzeitig bespannt um einen Verzug zu vermeiden. Wenn das ganze Modell mit Papier bespannt ist, kann man das überstehende Papier abschneiden oder verschleifen. Anschließend wird das ganze Modell mit feinem Schleifpapier leicht angeschliffen.

Eine Mischung aus Parkettlack und Baby Puder (Talkum) wird als Füller verwendet und das ganze Modell damit lackiert.

Meine komplett mit Parkettlack und Japanpapier bespannte Depron Do24. Die Oberfläche ist durch die Beschichtung sehr hochwertig und bestens geschützt

Nach dem Trocknen erfolgt ein Schliff mit feinem Nassschleifpapier. Je nach Belieben wird das Modell noch mehrmals mit Parkettlack lackiert und geschliffen, bevor der endgültige Decklack aufgebracht wird.

Einige meiner ältesten Modelle habe ich auf diese Art beschichtet. Durch kleinere Verschmutzungen durch das nicht immer ganz saubere Wasser haben sie mit der Zeit eine echte Patina bekommen und optisch dazugewonnen, als hätten sie ein echtes „Weathering“, wie es besser nicht sein könnte.

10.3 Beglasen mit Glasfasermatten

Glasfasermatten gibt es in verschiedenen Stärken. Da unser Ergebnis leicht sein soll, kommt hier ein Gewebe mit 25 g/m^2 zum Einsatz. Dieses dünne Gewebe lässt sich sogar einfacher als Papier um Kanten und in Ecken legen. Das Gewebe kann entweder mit Epoxidharz oder Parkettlack getränkt werden. Beide Methoden ergeben eine sehr haltbare und gut bearbeitbare Oberfläche. Die Verwendung von Parkettlack ist etwas einfacher, da Parkettlack längere Verarbeitungszeiten hat, wasserlöslich ist und das Anrühren zweier Komponenten entfällt. Bei der Benutzung von Epoxidharz ist genau auf das Mischungsverhältnis zu achten. Das geht am besten mit einer digitalen Waage. Die Gewichtszunahme bei dieser Beschichtung liegt bei ungefähr 1,3 g für ein 10 cm × 10 cm großes Stück, in Abhängigkeit davon, wie viele Lackschichten aufgetragen werden.

10.3.1 Vorgehensweise beim Beglasen

Das Vorgehen ist ähnlich wie bei der Papier-Methode, zuerst wird das Gewebe grob zugeschnitten. Die zu bearbeitende Fläche erhält einen Anstrich mit Epoxidharz oder Parkettlack. Das Gewebe wird auf das Modell aufgelegt und mit einer Schaumstoffrolle angedrückt. Mit der Rolle so lange über die Fläche rollen bis alles sauber anliegt. Auf eventuell noch weiß scheinende Flächen wird noch etwas Epoxidharz oder Parkettlack aufgebracht und dann wieder fest gerollt. Nach mindestens 24 Stunden Trocknungszeit kann überstehendes Gewebe abgeschliffen oder abgeschnitten werden.

Wenn die Originaloberfläche eine Gewebestruktur hatte, kann man hier beenden. Wenn man eine glatte Oberfläche haben möchte, wird in der nächsten Schicht ein mit Talkum oder Micro Ballons verdickter Lack oder Epoxidharz als Füller aufgebracht. Dann folgt wieder schleifen, lackieren, schleifen…, bis das gewünschte Ergebnis erreicht ist.

10.4 Bespannen mit Oracover-Bügelfolie

Meine bevorzugte Methode ist das Bespannen mit Oracover. Ich kann die Folie im Wohnzimmer verarbeiten und stehe nicht mit Atemschutzmaske und Handschuhen im Keller. Das Ergebnis ist sehr stabil und hat auch schon harte Einschläge unbeschadet überstanden. Wird sorgfältig gearbeitet, ist ein mit Oracover bespanntes Depron-Modell nicht von einem GFK-Modell zu unterscheiden. Depron mit Folie zu bespannen hat gegenüber Holz noch den entscheidenden Vorteil, dass Depron sich nicht mit Wasser vollsaugt und unter der Folie schimmelt. Leider gibt es auch einen großen Nachteil, weshalb ich jetzt bei größeren Modellen wieder mit Glasfaser und Parkettlack arbeiten werde. Wenn das Modell zu lange in der Sonne steht, bilden sich Falten und Blasen die sich auf einer mit Detaillierungen belegten Oberfläche nur schwer wieder entfernen lassen. Das ist kein Problem, wenn man nur für ein paar Akkus fliegen geht, sondern tritt eher auf langen Flugtagen auf, bei denen das Modell viele Stunden bei über 30 °C in der Sonne brät und dann in das relativ kühle Wasser zum Abschrecken geworfen wird.

Auch sind manche Farben empfindlicher als andere. Die meisten Falten haben sich bei mir bei grauer und dunkler Oracover-Folie und die wenigsten bei silberner Oracover-Folie gebildet.

10.4.1 Vorgehensweise beim Bespannen

Ganz wichtig ist wieder eine fettfreie, staubfreie und saubere Oberfläche. Zum Bespannen wird am Besten ein spezielles Folienbügeleisen mit einstellbarer Temperatur verwendet. Bei der Temperatureinstellung werden zwei Einstellungen markiert: T1 ist eine relativ niedrige Temperatur, bei der die Folie nicht schrumpft aber gerade noch klebt. Die Temperatureinstellungen teste ich an einem kleinen Folienstück. T2 ist die höchstmögliche Temperatur, bei der Depron beim schnellen Überfahren nicht schmilzt. Wird das Folienbügeleisen aber länger an eine Stelle gehalten, dann schmilzt es. Zum ermitteln der Temperatur T2 fahre ich mit dem Bügeleisen über ein Depron-Teststück. Das Bügeleisen sollte sich mit nur wenig Klebeffekt bewegen lassen.

In der Temperatureinstellung T1 werden kleine Folienstücke, wie Streifen auf Kanten und Ecken zuerst bespannt. Große Stücke werden darüberliegend überlappend bespannt. Es ist wichtig in diesem Schritt mit der niedrigen Temperatur T1 zu arbeiten, denn sonst schrumpft die Folie beim Aufbringen und es ergeben sich unschöne Falten, da ein Teil der Folie schon schrumpft während der andere noch ungeschrumpft ist.

Wenn das ganze Modell mit Oracover-Folie bespannt ist, wird mit der hohen Temperatur T2 noch einmal sorgfältig die komplette Folienoberfläche erhitzt, um etwaige kleine Falten durch das Schrumpfen der Folie zu entfernen und die Klebekraft zu erhöhen. Doch Vorsicht: Nach ganz schön kommt ganz hässlich! Wird mit der hohen Temperatur an dem Modell gearbeitet, dann ist zu beobachten wie die Oberfläche immer glatter und gespannter wird. An diesem Punkt sollte die Prozedur beendet werden. Wird zu lange mit dem heißen Bügeleisen an dem Modell gearbeitet, schmilzt das darunter liegende Depron und es entsteht eine Kraterlandschaft. Also rechtzeitig aufhören!

Falls nötig kann die Oracover-Folie noch lackiert werden.

Mit Oracover bespanntes Depron bricht nicht mehr, auch wenn es komplett gefaltet wird

Zuerst werden die Kanten und Ecken vorbereitet. Danach werden die großen Flächen bespannt. Da die großen Flächen besser haften, verhindert diese Reihenfolge dass sich kleine Stücke im Wasser ablösen

Aus Oracover lassen sich auch sehr gut Beschriftungen herstellen. Den Schriftzug einfach auf Papier ausdrucken, die Rückseite mit wieder ablösbarem 3M-Spraymount besprühen, auf die Folie kleben und die Schrift mit einem Skalpell oder Cutter-Messer ausschneiden. Das äußere Papier wird als Positionierungshilfe wieder ablösbar auf das Modell geklebt. Buchstaben und Zahlen werden mitsamt dem gedruckten Papier aufgebügelt und das Trägerpapier danach abgezogen

Das fertige Ergebnis eines mit Oracover bespannten Depron-Modells kann sich sehen lassen

11 Elektronik und Wasserschutz

Eine besondere Bedeutung hat beim Wasserflugmodell der Schutz der Elektronik vor Wasserschäden. Während ein Empfänger nach dem Trocknen oft wieder funktioniert, bedeutet Wasser in einem Motorregler oder Servo häufig den Defekt und den Austausch des betroffenen Bauteils. Brushless-Motoren sind unempfindlich bei Wasserkontakt und funktionieren sogar unter Wasser. Sie sollten allerdings gut getrocknet werden. Die Elektronik kann mit chemischen Mitteln behandelt werden, allerdings verträgt das nicht jeder Regler und man hat eine sich etwas ölig anfühlende Flüssigkeit am und im Modell. Besser ist es, wenn die Elektronik an Stellen positioniert wird, wo sie nicht mit Wasser in Berührung kommen kann. Das ist bei einem Wasserflugmodell nicht immer ganz einfach, denn die Elektronik sollte zu Wartungs- und Reparaturzwecken erreichbar und die Regler sollten gekühlt sein.

11.1 Positionierung der Regler und des Empfängers

Die Positionierung der Regler ist ein schwieriges Unterfangen bei Wasserflugzeugen. Einerseits sollten sie in jeder Schwimm- und Kenterlage geschützt vor Wasser – andererseits sollten sie gekühlt sein. Beides zusammen geht fast nicht. Verbaut man die Regler gut gekühlt in der Motorgondel, dann liegen sie bei einem Überschlag garantiert im Wasser. Verbaut man sie im Rumpf sind sie gut geschützt vor Wasser, aber ohne Kühlluft. Priorität hat bei mir der Wasserschutz, darum verbaue ich die Regler im Rumpf, nahezu ohne kühlende Luftzufuhr. Wichtig ist es dabei die Regler etwas größer zu dimensionieren, sodass sich die Erhitzung in Grenzen hält. Ein durchdachter Reglereinbau und wirkungsvolle Abdichtungsmaßnahmen für den Rumpf halten das Risiko von Wasserschäden gering. Folgendes sollte bei der Positionierung des Reglers und des Empfängers beachtet werden:

- Die maximale Länge des Kabels vom Regler zum Akku sollte nicht mehr als 20 cm betragen. Eine größere Kabellänge kann eventuell zur Beschädigung des Reglers führen. Sollte eine größere Kabellänge unbedingt nötig sein, sollte ein entsprechender Stützkondensator verbaut werden.
- Die Positionierung des Reglers in der Motorgondel gewährt zwar eine gute Kühlung des Reglers, sollte das Flugzeug aber über Kopf gehen, ist der Regler ziemlich sicher im Wasser.
- Der Einbauort der Elektronik im Rumpf sollte genügend Abstand zum Boden des Rumpfes haben, sodass die Elektronik immer noch trocken ist, auch wenn sich Wasser im Rumpf befindet.

- Die Elektronik sollte genügend Abstand zur Decke des Rumpfes haben, dadurch bleibt sie trocken wenn das Modell kopfüber im Wasser schwimmt.
- Fast immer schwimmen Modelle wenn sie kopfüber liegen, mit der Nase im Wasser. Wenn die Elektronik unter der Tragfläche verbaut ist, dann bleibt sie meistens auch in dieser Schwimmlage trocken.
- Wenn Wellen oder Spritzwasser in den Rumpf eindringen, dann läuft das Wasser die Wände herunter oder tropft am Rand eines Deckels nach unten. Ein kleiner Abstand der Elektronik von der Wand und den Rändern, zum Beispiel des Akkudeckels ist sicherer.

Es hat sich bei meinen Flugbooten sehr gut bewährt, für die Elektronik eine freistehende Plattform zu bauen. Auf dieser Plattform ist die Elektronik in jeder Lage vor Wasser geschützt.

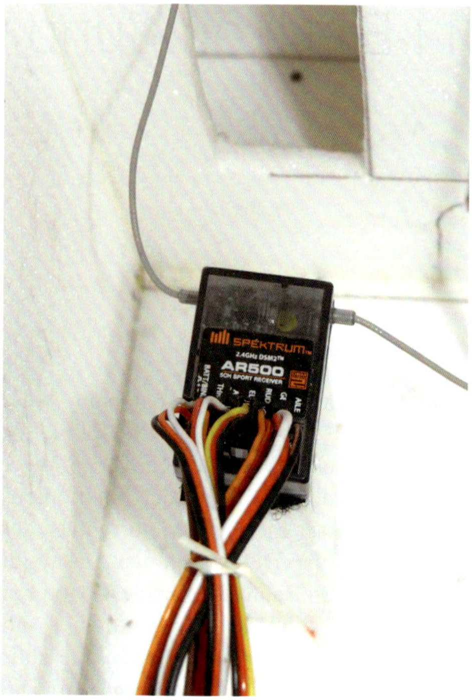

Ein Sockel für den Empfänger schafft Abstand zum Boden und damit zu möglicherweise eindringendem Wasser

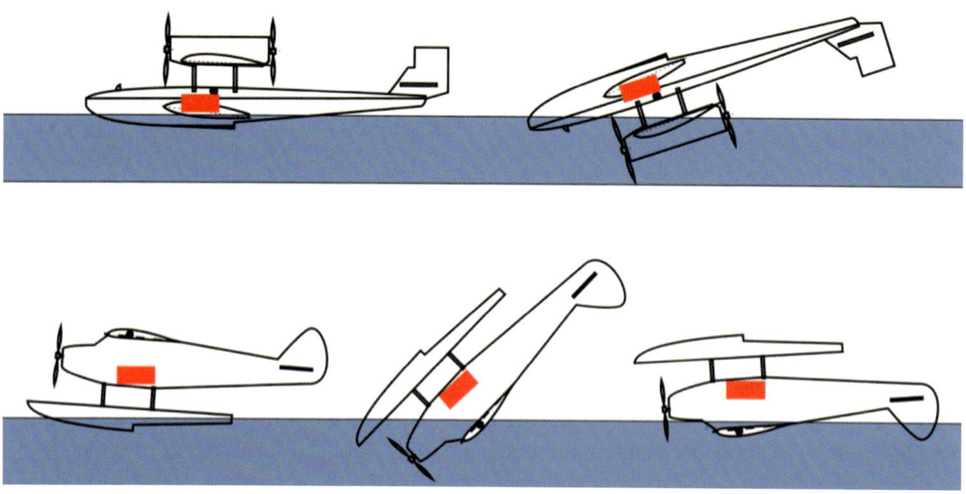

Bei entsprechender Positionierung bestehen gute Chancen, dass die Elektronik in allen Lagen trocken bleibt

11.2 Positionierung der Servos

Bei der Unterbringung von Regler und Empfänger ist man relativ frei. Bei der Positionierung der Servos besteht wegen der mechanischen Verbindung zu den Rudern nur wenig Auswahl. Wenn das Flugzeug über Kopf im Wasser liegt, werden die Querruder-Servos, wenn sie in den Tragflächen verbaut sind, fast immer nass. Eine kleine Chance für trockene Querruder-Servos gibt es, wenn die Servos direkt auf der Ruderachse verbaut sind, da die Tragfläche meistens auf dem vorderen Teil schwimmt und hinten mit etwas Glück trocken bleibt. Wenn das Querruder-Servo mit einer Torsions-Anlenkung im Rumpfinneren verbaut ist, besteht auch beim Kopfüber-Schwimmen eine gute Chance, dass es „überlebt".

Für den Einbau der Servos für Höhen- und Seitenruder im Rumpf gelten dieselben Regeln, wie für Regler und Empfänger: Nicht direkt am Boden, etwas Abstand zur Wand und nicht direkt unter den Rändern des Akkudeckels oder der Tragflächenränder.

Die Elektronik ist im Gegensatz zu mir trocken geblieben. Das Ergebnis einer Fahrt mit zu viel Rückenwind

Höhen- und Seitenruderservos sind hier unter einer kleinen Wartungsluke mit einem abdichtenden Süllrand untergebracht

11.3 Chemischer Wasserschutz

Neben dem rein bautechnischen Wasserschutz gibt es noch die Möglichkeit, die elektronischen Bauteile selbst gegen Wasser zu schützen. Dafür haben sich bei mir die zwei im Folgenden beschriebenen Methoden besonders bewährt.

11.3.1 Wet Protect

Wet Protect wird direkt auf die Platine gesprüht und funktioniert bei Empfängern und der Servoelektronik hervorragend. Wet Protect ist nicht unbedingt für alle Regler geeignet. Manche Regler werden durch das Spray gut gegen Nässe geschützt. Andere Regler die ich damit eingesprüht habe, waren danach sofort defekt. Es besteht also bei der Verwendung ein gewisses Risiko. Des Weiteren gilt zu beachten, dass Wet Protect lediglich verhindert, dass die Elektronik beschädigt wird, jedoch nicht unbedingt gewährleistet, dass sie bei Kontakt mit Nässe fehlerfrei funktioniert. Ein mit Wet Protect behandelter Empfänger oder Regler wird zwar bei Wasserkontakt nicht gleich beschädigt, muss aber eventuell zuerst trocknen, bevor er wieder Einsatzbereit ist.

Ein weiterer Nachteil beim Einsatz von Wet Protect ist, dass überall diese leicht ölige Flüssigkeitsfilm im und am Modell vorhanden ist und der Schutz auch regelmäßig erneuert werden muss. Daher setze ich Wet Protect nur sparsam ein. Wenn ich weiß, dass ein bautechnischer Wasserschutz nicht möglich ist, zum Beispiel in EPP-Modellen die nie ganz trocken bleiben, verwende ich

Wet Protect. Tragflächenservos, bei denen das Risiko besteht, dass sie bei einem Überschlag im Wasser liegen, können vor dem Einbau geöffnet und mit Wet Protect geflutet werden. Dann sind sie gut vor Nässe geschützt.

11.3.2 Plasti Dip

Eine weitere Methode zur Abdichtung der Elektronik ist das komplette Versiegeln der Platine mit Plasti Dip oder flüssigem Latex. Plasti Dip ist flüssiger Gummi, in welchen die fett- und ölfreie Platine komplett eingetaucht wird. Nach dem Trocknen ist die Platine komplett wasserdicht in Gummi eingehüllt. Wichtig ist, dass die Gummiumhüllung lückenlos ist, also muss bei der Verarbeitung auf Lufteinschlüsse und Blasen geachtet werden. Leider habe ich auch mit dieser Methode schon negative Erfahrungen bei einigen Reglern gemacht, die nach der Prozedur ebenfalls nicht mehr funktioniert haben. Bei der Verwendung von Plasti Dip ist zu beachten, dass die Umhüllung des Reglers mit Gummi die Kühlung reduziert. Der Regler sollte also entsprechend größer dimensioniert werden.

12 Mehrmotorige Antriebe

Für den Anschluss mehrerer Motorregler gibt es verschiedene Möglichkeiten, das direkte Verbinden der Steuerleitungen oder die getrennte Ansteuerung über verschiedene Kanäle der Fernsteuerung. Bei jeder Methode ist allerdings wichtig, dass nur ein BEC, also nur eine Stromversorgung am Empfänger ankommt. Bei allen anderen Reglern muss die rote Spannungsversorgungsleitung entsprechend abgeklemmt werden.

Bei hintereinander angeordneten Motoren, so zum Beispiel beim Dornier Wal, können die Steuerleitungen direkt miteinander verbunden werden. Eine getrennte Ansteuerung bringt hier keinen direkten Mehrwert. Ich empfehle die Regler auf verschiedene Abschaltspannungen zu programmieren. Wenn die Akkuspannung kritisch niedrig wird, läuft wenigstens noch ein Motor, mit dem das Land wieder erreicht werden kann.

Bei nebeneinander angeordneten Motoren ist eine getrennte Ansteuerung sinnvoll, da diese Ansteuerung zum Manövrieren auf dem Wasser verwendet werden kann. Die Abschaltspannung der Regler wird paarweise symmetrisch programmiert. Bei meiner DoX mit sechs Motoren schalten sich beim Erreichen eines kritischen Akkustandes zuerst die mittleren Motoren ab, während die beiden äußeren Motoren noch länger laufen. Damit habe ich wieder eine Rückkehrmöglichkeit beim Erreichen einer kritischen Akkuspannung.

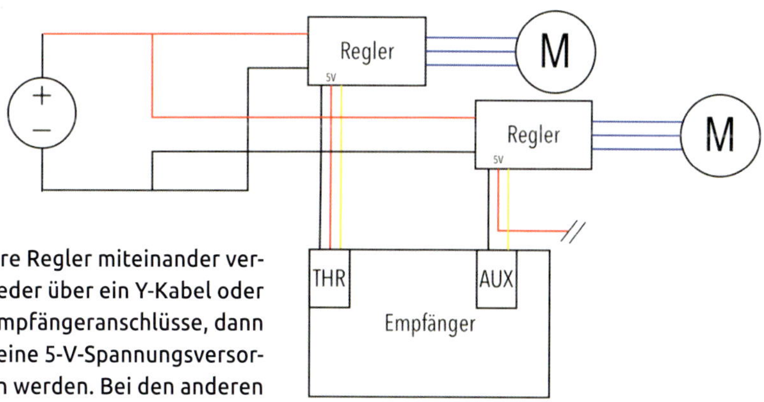

Werden mehrere Regler miteinander verschaltet, entweder über ein Y-Kabel oder verschiedene Empfängeranschlüsse, dann darf maximal nur eine 5-V-Spannungsversorgung angeschlossen werden. Bei den anderen Reglern wird das rote Kabel aus dem Servostecker entfernt und isoliert – oder es muss eine Akkuweiche verwendet werden

13 BEC, UBEC und Redundanz

Bei elektrisch angetriebenen Modellen wird ein separater Empfänger-Akku in den meisten Fällen nicht benötigt. Fast jeder Motorregler hat eine integrierte Schaltung zur Aufbereitung der Stromversorgung des Empfängers aus dem Antriebs-Akkupack. Das sogenannte BEC (Battery Eliminator Circuit), welches problemlos bei Verwendung von bis zu 5S-Antriebsakkus funktioniert. Wenn ich mit Modellpiloten rede und nach Gründen frage, weshalb sie einen Empfänger-Akku verwenden, dann höre ich Argumente wie – dass der Antriebsakku ja eventuell einen Zellenkurzschluss haben oder der Regler ausfallen könnte. Alle diese Probleme sind bei mir allerdings in der Praxis noch nie vorgekommen. Aber wie oft kommt es vor, dass Modelle abstürzen weil der Empfänger-Akku leer oder defekt ist? Das kommt relativ häufig vor! Ein leerer Empfänger-Akku kann nur durch eine Telemetriefunktion erkannt werden. Bei der Verwendung des Flugakkus kann man sicher sein, dass der Regler den Antriebsmotor bei niedrigem Ladestand des Antriebsakkus weit vor dem Erreichen einer für die Empfängerstromversorgung kritisch niedrigen Spannung abschaltet. Wenn der Motor ausgeht, ist also immer noch für sehr lange Zeit genug Akkukapazität für die Empfängerfunktionen vorhanden. Die Verwendung eines Empfänger-Akkus erhöht das Risiko also eher, als dass es eine Verbesserung bringt. Selbst bei nass gewordenen Motorreglern, bei denen die Leistungsstufe durch den Wasserkontakt durchgebrannt ist, hatte ich noch nie einen Ausfall der Empfängerstromversorgung. Bei dem auf dem Regler verbauten BEC handelt es sich um eine vom Motorleistungsteil getrennte Schaltung. Sollte die Leistung des auf dem Regler integrierten BEC für die verbauten Servos nicht ausreichend sein, was insbesondere bei mehrmotorigen Modellen mit relativ kleinen Reglern vorkommen kann, dann verwende ich eine Empfängerstromversorgung als getrenntes Modul, welches parallel zum Regler an den Akku angeschlossen wird.

Bei größeren, wertvolleren, Modellen empfehle ich eine Redundanz in der Empfängerstromversorgung. Diese Redundanz kann unterschiedlich realisiert werden. Auf jeden Fall gilt auch hier, dass nur eine Stromversorgung am Empfänger anliegen darf. Deshalb ist eine Elektronik nötig, die dafür sorgt dass bei mehreren, im Normalfall zwei Stromversorgungen, nur jeweils eine auf den Empfänger geschaltet wird. Das wird über eine Akkuweiche bewerkstelligt. Hierbei handelt es sich um zwei Schottky-Dioden, welche die beiden anliegenden Spannungsversorgungen voneinander trennen. Zu beachten ist, dass sich durch die Dioden die Versorgungsspannung um zirka 0,7 V reduziert und die BEC-Spannungen eventuell dementsprechend erhöht werden müssen. Die Akkuweiche stellt selbstverständlich wieder eine zentrale Fehlerquelle dar. Allerdings sind Schottky-Dioden sehr ausfallsicher. Folgende Redundanz-Möglichkeiten gibt es:

- Ein Motor, ein Regler, ein Akku: Will man in dieser Konfiguration eine Redundanz erreichen, besteht die Möglichkeit zum Regler-BEC noch einen Empfänger-Akku mit einer Akkuweiche zu verknüpfen. Auf diese Weise ist man bei einem möglichen Kurzschluss des Antriebsakkus, eines Regler-BEC-Ausfalls oder des Empfänger-Akkus auf der sicheren Seite.

- Mehrere Motoren, ein Akku: Hier gibt es zwei Möglichkeiten. Entweder werden die BEC zweier Regler über die Akkuweiche mit dem Empfänger verbunden. Auf diese Weise besteht Ausfallsicherheit, wenn ein Regler defekt ist, aber nicht wenn der Antriebsakku ausfällt. Oder durch Hinzufügen eines Empfänger-Akkus und der Verwendung eines Regler-BEC besteht Sicherheit beim Ausfall des Antriebsakkus und alternativ des Empfänger-Akkus.

- Mehrere Motoren, mehrere Akkus: Hier ist ein Empfänger-Akku nicht mehr nötig, denn die Wahrscheinlichkeit dass beide Antriebsakkus gleichzeitig ausfallen, ist deutlich geringer als ein nicht funktionierender Empfänger-Akku.

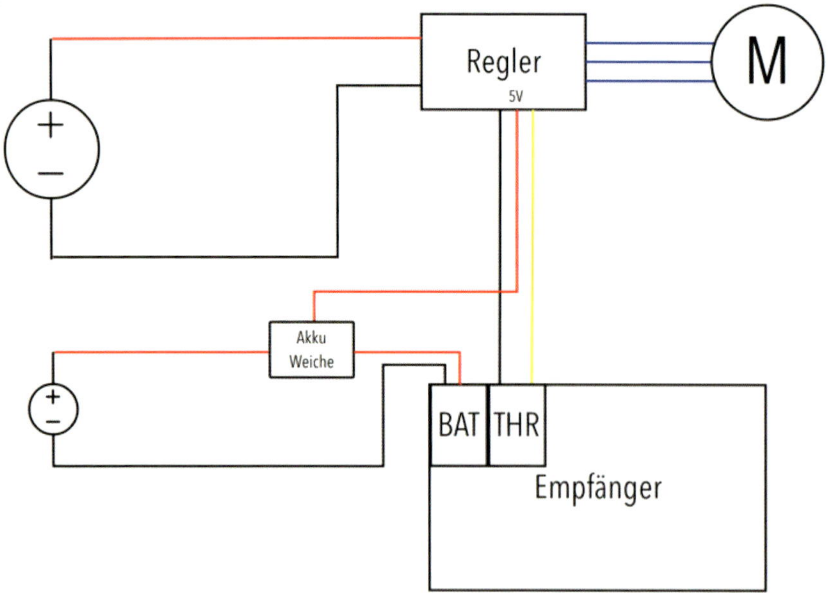

Als Redundanz bei einem einmotorigen Flugzeug bietet es sich an, die 5-V-Empfängerversorgung und einen Empfänger-Akku über eine Akkuweiche zu verbinden

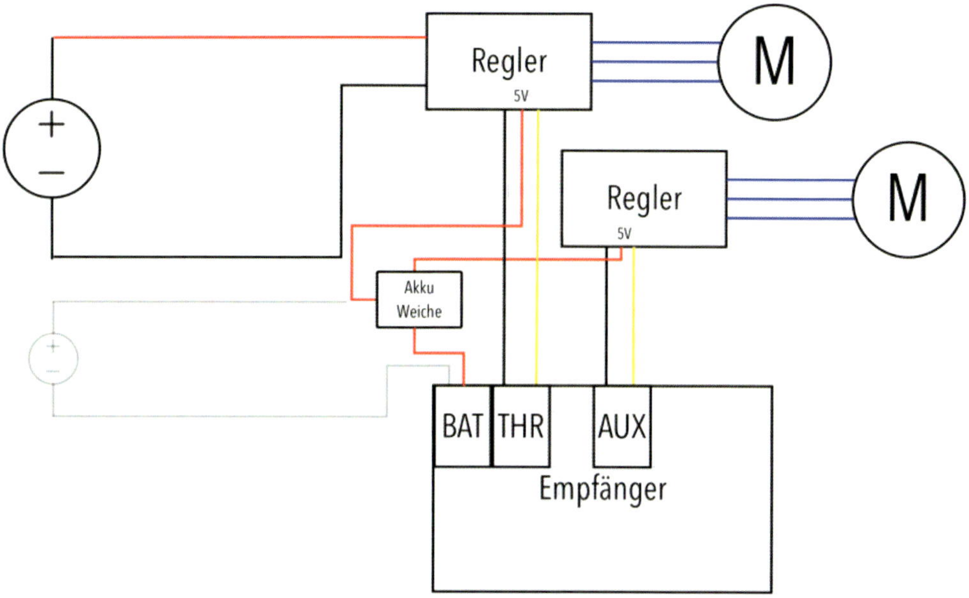

Bei zwei mehrmotorigen Modellen sind bereits mehrere Regler mit der Empfängerstromversorgung vorhanden. Wenn man auch noch das Risiko eines Totalverlustes der Stromversorgung durch den Flugakku ausschließen will, kann man noch einen separaten Empfänger-Akku als Zweitstromversorgung verwenden

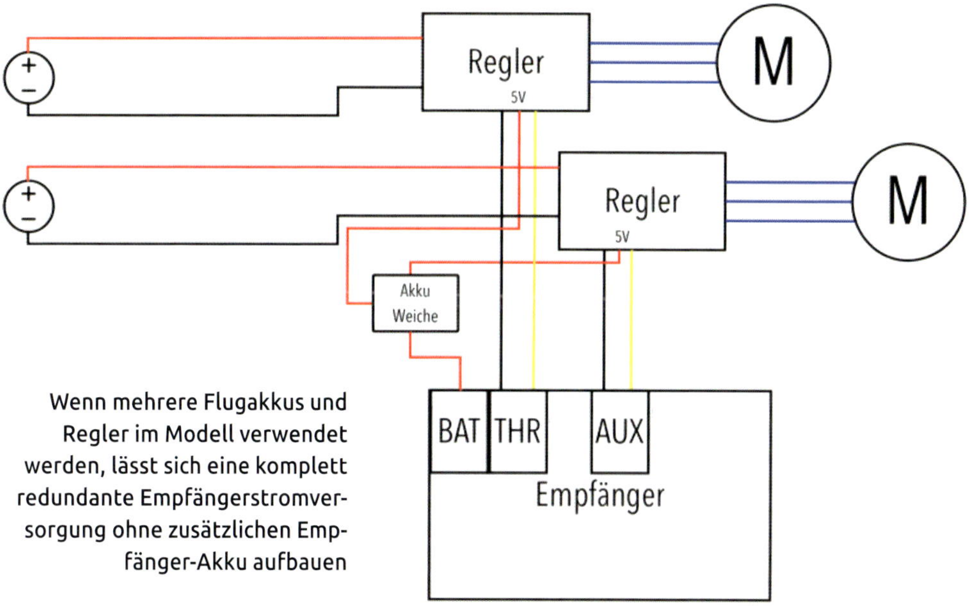

Wenn mehrere Flugakkus und Regler im Modell verwendet werden, lässt sich eine komplett redundante Empfängerstromversorgung ohne zusätzlichen Empfänger-Akku aufbauen

14 Beleuchtung

Die Modellbeleuchtung kann sehr aufwändig über gekaufte Steuermodule scale ausgeführt werden. Ich möchte hier alternativ eine sehr kostengünstige und einfache Möglichkeit vorstellen. Ein Flugmodell mit Beleuchtung wirkt optisch besser als ein unbeleuchtetes Modell. Selbst einfache Schaumwaffeln wie die Multiplex Funcub bewirken, wenn sie beleuchtet in der Dämmerung in den Sonnenuntergang fliegen, bei den Zuschauern einen Aaaahhh-Effekt. Dazu muss die Beleuchtung gar nicht unbedingt 100 % scale sein. Meine ersten Modelle habe ich mit einem Beleuchtungsmodul ausgestattet, an das alle LEDs zentral angeschlossen wurden. Das Problem an der Sache war allerdings, dass alle Kabel zu einem zentralen Punkt geführt werden mussten. Das ist bei roten und grünen LEDs, Flächenblitzern und Positionslichtern am Rumpf ein ganz schöner Kabelsalat. Wenn ein Modell neu gebaut wird, ist das kein Problem. Man verlegt die Kabel bereits beim Bau. Bei einem ARF-Vollschaummodell, bei dem die Flügel abnehmbar sind, ist das schon problematisch. Dazu störte mich, dass die verwendeten Standard-LEDs bei Tageslicht nicht mehr sichtbar waren. Deshalb musste eine andere Methode her, bei der minimale Kabelwege anfallen, keine zusätzlichen Steckverbindungen an der Tragfläche benötigt werden und wo Power-LEDs je nach Wunsch und Einsatzzweck verwendet werden können. Allerdings sind LEDs etwas komplizierter als Glühbirnen zu handhaben, denn sie können normalerweise nicht einfach an eine Spannungsquelle angeschlossen werden, sondern es wird eine Konstantstromquelle oder ein Vorwiderstand benötigt. Als Konstantstromquelle kann man bei den üblichen Elektronikversendern kleine Platinen kaufen. Das ist allerdings relativ teuer und aufwändig. Die einfachere Methode ist der Vorwiderstand. Dazu wird allerdings eine stabile Versorgungsspannung benötigt. Denn wenn sich die Versorgungsspannung nur geringfügig verändert, verschiebt sich der Arbeitspunkt in der Kennlinie der Diode und sie leuchtet entweder nicht mehr oder das einzige und letzte Mal sehr hell. Das ist aber beim Modell kein Problem, denn alle Servos und der Empfänger werden mit einer stabilen 5-V-Spannung versorgt. Damit lassen sich komplette Flugzeugbeleuchtungen für weniger als 10 € realisieren. Man sollte allerdings löten können!

Das Angebot von www.led1.de bietet alles, was hierfür benötigt wird und es können auch kleine Mengen versandkostenfrei bestellt werden. Als besonderen Luxus befindet sich auf der Homepage in den Daten der jeweiligen LEDs eine kleine Tabelle, in welcher die benötigten Vorwiderstände für verschiedene Versorgungsspannungen angegeben sind. Man kann also ganz einfach die benötigten Widerstände für eine 5-V-Versorgungsspannung ablesen, ohne dass komplizierte Berechnungen angestellt werden müssen.

Bei www.led1.de gibt es eine große Auswahl verschiedener LEDs, sowohl für Mikroflieger wie meine kleine Parkzone Piper, die so hell sind dass sie fast blenden, wie auch größere superhelle Power-LEDs, automatisch blinkende LEDs (blinken ohne zusätzliche Elektronik sobald sie mit Strom versorgt werden) und auch LEDs, welche ohne Vorwiderstand direkt an eine Spannungsquelle angeschlossen werden können.

14.1 Tragflächenbeleuchtung

Am Tragflächenende richte ich normalerweise je eine rote und grüne LED als Positionslicht nach vorne und eine weiß blitzende auf jeder Seite nach hinten ein. Um die Verkabelung so einfach wie möglich zu halten und zusätzliche Steckverbinder zu vermeiden, zapfe ich die Spannungsversorgung der Tragflächenservos direkt an. Dafür nehme ich ein scharfes Bastelmesser und entferne vorsichtig etwas von der Isolierung des roten und schwarzen Kabels, an welche dann die Kabel zur LED verlötet werden. Danach isoliere ich das Ganze wieder mit Heißkleber oder Plasti-Dip-Flüssiggummi. Der kürzeste Kabelweg ergibt sich, wenn die Versorgungsspannung direkt am Servo abgegriffen wird. Allerdings kommt es bei Wasserflugzeugen schon mal vor, dass das Servo getauscht werden muss. Deshalb ist es von Vorteil, wenn die LEDs an der Servoverlängerung angeschlossen sind. Die LEDs selber verklebe ich direkt in der Fläche. Jede Abdeckung für scales Aussehen schluckt Licht und der Modellbauer sollte abwägen, ob solche Scale-Details bei einem Schaumflugzeug mit poröser Oberfläche unbedingt nötig sind.

Die sehr kräftige Beleuchtung der MPX Funcub ist auch bei Tag gut sichtbar

14.2 Rumpf-Positionslichter

Auf die Rumpfoberseite und -unterseite setze ich je eine weiße und eine rot blitzende LED am Rumpfrücken hinter das Cockpit. Diese Stelle ist normalerweise gut vom Cockpit aus erreichbar. Die beiden LEDs werden dann direkt mit einem Servostecker in einen freien Steckplatz des Empfängers gesteckt. Empfehlungen zu geeigneten LEDs sind in Tabelle 3 zusammengefasst.

Eine Beleuchtung veredelt auch kleinste Flugzeuge, wie hier die Parkzone Micro Piper mit Schwimmern

LED Empfehlungen bei www.led1.de

Mikro Modell bis zirka 50 cm Spannweite an 1 S Akku

Rumpf: 3 mm low current blinkend direkt an 1 S
Landescheinwerfer: 1,8 mm, weiß, 3500 mcd oder 3 mm 10000 mcd mit 22 Ohm
Flügel: 1,8 mm, rot 3600 mcd, grün 3600 mcd mit 22 Ohm

Modell bis zirka 1 m Spannweite

Rumpf: 3 mm low current blinkend
Flügel: 4,8 mm ultrahell Strawhead

Modelle über 1 m Spannweite

Rumpf: 5 mm rot oder weiß blitzend ultrahell
Landescheinwerfer: 10 mm 4-Chip high power
Flügel: Superflux rot 2,5 lm, grün 4 lm, viereckig

Tipp: Löt-Sekunde

Bei Halbleitern und anderen empfindlichen Bauteilen sollte der Lötkolben nicht länger als eine Sekunde die Lötstelle berühren, da ansonsten das Bauteil durch die Hitze beschädigt werden kann.

- *Als Erstes werden beide Seiten der zu verlötenden Kabel verzinnt*
- *Beide Kabel werden zusammen gehalten und fixiert*
- *Die feine Lötspitze berührt für eine Sekunde die Lötstelle*
- *Das Resultat, eine glänzende, glatte Lötstelle*

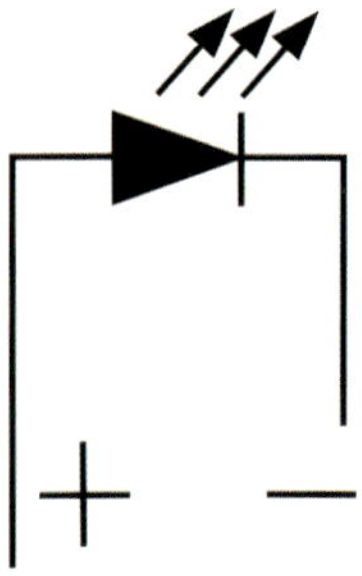

LED-Anschlüsse Anode und Kathode: Der kurze Fuß der LED wird mit Minus verlötet

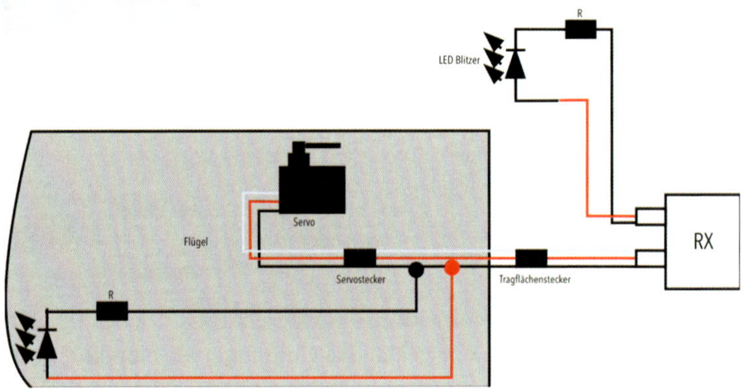

Die Stromversorgung für die Tragflächenbeleuchtung wird am einfachsten direkt an den Servoverlängerungen abgenommen

Die Tragflächenbeleuchtung bei der Multiplex Funcub besteht aus zwei parallel verlöteten LEDs für die Positionslichter und eine weiß blitzende LED nach hinten. Auch wenn es nicht scale ist, erhöht es die optische Wirkung des Flugzeuges enorm

15 Die Testphase

Die ersten Tests bei einem neuen Modell beginnen nicht erst mit der Fertigstellung, sondern schon in früheren Bauphasen. Das ermöglicht mir, eventuelle Änderungen in der Konstruktion in einer frühen Phase durchzuführen und den Aufwand für nachträgliche Änderungen geringer zu halten. Wenn die Position der stabilisierenden Stummel erst am fertigen Modell überprüft wird, dann hat man, wenn die Position geändert werden muss, einen enormen Aufwand, weil die Tragflächenstreben schon auf die richtige Länge gebracht sind oder die aufwändige Lackierung geändert werden muss. Dasselbe gilt für die Einstellungen des Motorsturzes und den Seitenzug, die leichter geändert werden können, wenn die Motorgondel noch nicht geschlossen und die Motorverschraubung noch gut zugänglich ist. Je früher man Fehler in der Konstruktion entdeckt, umso weniger gravierend sind die Auswirkungen. Das frühe Testen gibt auch eine gewisse Sicherheit und Vertrautheit für den eigentlichen Erstflug.

15.1 Wasser-Test vor Fertigstellung

Der erste Test auf dem Wasser findet bei mir noch ohne Tragflächen statt. Das geht natürlich nur bei Flugzeugen, die mit Stummeln nach dem Dornier-Prinzip seitenstabilisiert sind. Eine Canadair oder ein anderes mit Schwimmern stabilisiertes Flugzeug würde ohne Tragflächen direkt umkippen. Ziel dieses Tests ist es festzustellen, ob die Stummel in der richtigen Höhe und im richtigen Winkel angebracht sind, die Stufe hoch genug ist und die Flutkammer die gewünschte Wirkung hat.

Für den Test simuliere ich das ungefähre Endgewicht durch zusätzlichen Ballast, sodass der Rumpf seine endgültige Schwimmlage erreicht. Die Stummel werden nur mit wenig Klebstoff angebracht, um eine Veränderung der Position zu vereinfachen. Ein gut ausgeführter Rumpf sollte ohne Tragfläche problemlos ins Gleiten kommen und eine mit dem Seitenruder gesteuerte saubere Kurvenlage fahren. Benötigt ein Rumpf den Auftrieb der Tragfläche, ist das keine zufriedenstellende Lösung, denn ein Wasserflugzeug muss auch mit Rückenwind ins Gleiten kommen. Die Auftriebswirkung der Tragfläche ist ohnehin bei der niedrigen Geschwindigkeit in Verdrängerfahrt gering. Die Stummel sollten wie zuvor beschrieben, im Ruhezustand mit der hinteren Seite satt im Wasser liegen. In dieser Bauphase können die Positionen der

Stummel noch leicht verändert werden, ohne dass irgendwelche Streben zur Tragfläche angepasst werden müssen. Bei mit Schwimmern stabilisierten Flugzeugen führe ich vor dem Erstflug dieselben Tests mit komplett montierter Tragfläche durch. Überprüft werden bei diesem Test:

- Die Position der Stummel oder Schwimmer, Wasserlage
- Die allgemeine Wasserlage und Wirkung der Flutkammer
- Das Angleiten
- Die Stufe und Rumpfschränkung
- Der Motorsturz und sein Einfluss auf den Übergang in die Gleitphase
- Der Motorseitenzug, Geradeauslauf und die Wirkung von Lastwechseln kann ohne Einflüsse der Tragfläche untersucht und ausgetestet werden

Tests auf dem Wasser mache ich schon in den frühen Bauphasen mit dem simulierten Endgewicht, bevor ich die Stummel und Streben endgültig befestige

15.2 Der Erstflug

Erstflüge von Wasserflugzeugen finden bei mir grundsätzlich immer auf dem Wasser statt. Wasser kann bei hoher Geschwindigkeit zwar auch hart sein, wird aber bei einem missglückten Flugversuch weniger Schaden anrichten als ein Acker. Von den Risiken bei der Benutzung eines Startwagens mal ganz abgesehen. Das geht bei mir sogar so weit, dass ich kleinere Landflugzeugmodelle von einer 3 m hohen Uferböschung per Hand über das Wasser starte und im Erfolgsfall an Land lande. Die Höhe des Ufers erlaubt mir eine längere Reaktionszeit, bevor ich Boden- oder Wasserkontakt habe. Falls das Modell nur schwer kontrollierbar ist, dann ist eine schlechte Landung auf dem Wasser immer noch besser als eine schlechte Landung an Land. Wasser bietet bei Wasserflugzeugen auch die Möglichkeit, sich langsam an den ersten Flug heranzutasten. Dazu erhöhe ich die Geschwindigkeit im Gleiten immer mehr, jedoch ohne dabei abzuheben. Während des Gleitens mit hoher Geschwindigkeit kann ich schon die Wirkung der Ruder testen, speziell der Querruder und des Seitenruders und sie weitgehend auf Geradeauslauf trimmen. Weiterhin erkenne ich eine mögliche Hecklastigkeit, wenn das Modell aus dem Wasser heraus den Drang zum „Himmeln" zeigt. Auf diese Weise habe ich das Modell schon zu 90 % getrimmt und die Ruderwirkungen getestet, bevor ich überhaupt das Wasser verlasse. Wenn ich dann ein gutes Gefühl für den ersten Start habe, dann lasse ich das Modell einen Moment still stehen, dadurch sorgt der Wind dafür, dass es sich automatisch gegen den Wind dreht und starte. Im Normalfall wartet nach den vorangegangenen Tests keine unangenehme Überraschung auf mich. Was anschließend folgt, ist das übliche Programm wie bei Landflugzeugen auch:

- Auf Geradeausflug trimmen
- Schwerpunkt durch Anstech-Test bestätigen
- Abrissverhalten testen
- Motorsturz und Seitenzug durch Lastwechsel prüfen

Die Landung beim Wasserflug ist normalerweise einfacher als an Land. Es gibt keine Hindernisse im Anflug, die Landebahn geht in alle Richtungen, sodass immer perfekt gegen den Wind gelandet werden kann – und Maulwurfshügel gibt es auch nicht. Wichtig ist nicht zu langsam zu werden, ruhig mit etwas Fahrt und Schleppgas anfliegen und bei der Landung sollte die Nase leicht nach oben zeigen. Wenn man versucht das Flugzeug waagerecht zu landen wird es springen! Nach dem erfolgreichen Erstflug wird es, wenn alles zur Zufriedenheit funktionierte, Zeit für das Finish, das Verschließen der Motorgondeln und das Anbringen von Streben.

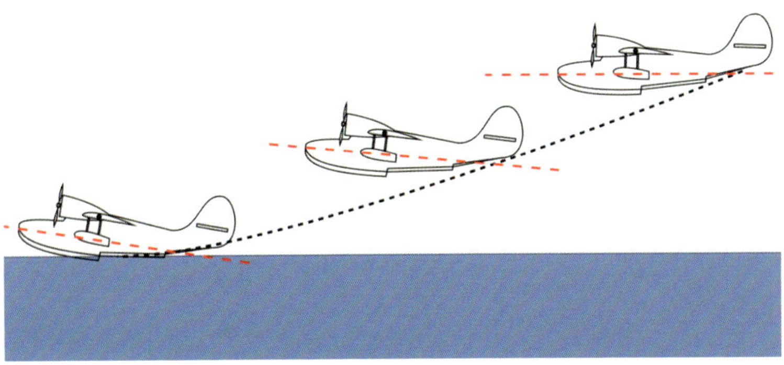

Ein guter Anhaltspunkt für den richtigen Winkel für den Rumpf bei der Landung ist, dass die Rumpfunterseite hinter der Stufe parallel zum Wasser und damit die Nase nach oben ausgerichtet ist

Die hochgezogene Nase bei der Landung verhindert ein Abprallen und Hüpfen des Flugzeuges

16 Allgemeine Hinweise

16.1 Rettung und Bergung

Selbst mit viel Übung und Erfahrung ist man nicht 100 %ig davor geschützt, irgendwo im See mit dem Modell manövrierunfähig liegen zu bleiben. Auch wenn ich es, gemessen an der Anzahl der Flüge, extrem selten brauche, habe ich immer einen Rettungsplan zur Hand. Denn nichts ist ärgerlicher als ein Flugzeug, das doch einen beträchtlichen ideellen und finanziellen Wert darstellt, das nicht mehr erreicht werden kann. Man kann nur hilflos zusehen wie es wegtreibt.

Im Sommer ist das normalerweise kein Problem, die Badehose ist dabei und man schwimmt einfach zum Flugzeug. Doch Vorsicht: Das eigene Leben ist mehr Wert als ein Modellflugzeug! Man sollte also unbedingt bedenken, ob man die Strecke auch bei der

Wenn man kein manntragendes Boot dabei hat, kann eine normale leere PET-Wasserflasche mit einer schwimmenden Schnur hinter ein Modellboot gebunden werden. Mit dem Boot fährt man einmal um das havarierte Modell herum und die Flasche bleibt am Modell hängen. Das Problem war bei den ersten Tests, dass sich die schwimmende Schnur bei Rückwärtsfahrt-Manövern in der Schiffsschraube verheddert hat. Die Lösung des Problems war es, die Schnur mit einem zirka 0,5 m langen Schlauch direkt am Boot zu versteifen

gegebenen Wassertemperatur und der eigenen Fitness zurücklegen kann. Da die meisten Unfälle bei Start und Landung passieren, ist es eine einfache Sicherheitsmaßnahme, in Landnähe zu landen. Wenn das Flugzeug dabei über Kopf geht, ist es schnell erreichbar. Ich fliege ganzjährig, gerade im Winter bietet der Bodensee oft die besten Bedingungen. Wenn ich in der kalten Jahreszeit fliege, dann habe ich immer ein Kajak dabei. Das ist bei mir kein großer Aufwand, da ich eh das ganze Jahr über Kajak fahren gehe und das Boot quasi immer auf dem Auto liegt. Eine Lösung ist auch ein Schlauchboot im Kofferraum zu haben. Doch auch hier Vorsicht, nicht ohne Ohnmacht-sichere Schwimmweste und wasserdicht verpacktes Mobiltelefon für einen Notruf rausfahren! Niedrige Wassertemperaturen verzeihen keine Fehler ohne tödliche Folgen. Eine weitere Möglichkeit ist ein funkferngesteuertes Boot. Das RC-Boot hat den Zusatznutzen, dass meine Tochter mit dem Boot spielen kann während ich fliege. Ich kann mein Flugzeug damit zurückholen, indem ich eine dicke schwimmende Schnur am Heck festbinde, an der Schnur hängt eine leere PET-Flasche. Wenn ich mit dem Boot um das havarierte Flugzeug herumfahre, verheddert sich die Schnur mit der Flasche am Flugzeug und ich kann es vorsichtig zurückziehen. Doch auch hierbei sollte die Entfernung vom Land nicht zu groß sein, denn auf große Entfernung ist das Manöver relativ schwierig durchzuführen. Im Winter sollte also generell nah an Land gestartet und gelandet werden.

Die komfortabelste Methode ein Flugzeug zu retten. Wenn man Wasserfliegen geht, sollte man sich immer vorher überlegen, wie man im Notfall das Flugzeug an Land bringt

Start und Landung sind die kritischen Manöver. Wenn diese in Landnähe ausgeführt werden, hat man erstens eine bessere Sicht und damit das Modell besser unter Kontrolle. Falls es schief geht, ist der Weg zum Modell nicht so weit

16.2 Wo darf ich fliegen?

Dieser Abschnitt soll keine allumfassende Rechtsberatung ersetzen, sondern ein paar praktische Anhaltspunkte geben. Die genauen Details müssen immer vor Ort abgeklärt werden. Da es keine Vereine mit eigenen Wasserflugplätzen gibt, wird im Wasserflug fast immer „wild" geflogen. Es gelten also die gleichen Regeln wie sonst beim „Wild"fliegen bezüglich Gewichtslimit und Erlaubnis des Besitzers des Grundstückes oder in diesem Falle des Gewässers und Flugverbotszonen.

Das Fliegen in der Nähe von Flughäfen und im Bereich von Flug-Kontrollzonen ist nicht erlaubt. Im Internet finden sich Luftraumkarten, ICAO Karten, in denen die Kontrollzonen ersichtlich sind. Weiterhin ist das Fliegen in Naturschutzgebieten untersagt, auch dafür finden sich die entsprechenden Karten im Internet. Es ist in jedem Fall die Erlaubnis des Grundstückseigentümers nötig, wenn am Ufer ein Privatgrundstück als Zugang zum See genutzt werden soll. In manchen Fällen ist auch das Gewässer selbst in Privatbesitz oder z.B. von einem Angelverein gepachtet. Hier ist es wichtig, dass vorab einfach mal freundlich mit den Leuten geredet wird.

Wichtig ist auch die Art des Modells, mit dem geflogen wird. Ein fast lautloses elektrisches Modell wird selten für Ärger sorgen. Ein von einem Benzinmotor angetriebenes Modell oder ein laut kreischender Pusher erregen da deutlich mehr unliebsame Aufmerksamkeit. Ich wohne zum Glück am Bodensee, wo ich beim Modellfliegen noch nie das Problem hatte, dass sich jemand beschwert hat. Im Gegenteil, da ich vor allem Dornier Modelle im Hangar habe und hier in der Heimat der Dornier Flugzeuge fliege, bekomme ich fast immer eine Menge begeisterter Zuschauer und teilweise spontanen Applaus. Der Erkennungswert der Modelle ist hier bei den Zuschauern sehr hoch. Grundvoraussetzung für ein gutes Miteinander ist aber auch hier der leise Betrieb der Modelle. Ein laut kreischendes Modell würde früher oder später doch einigen Leuten auf die Nerven gehen. Und wenn ich ehrlich bin, ist ein Dornier Wal, der leise in den Sonnenuntergang fliegt, viel romantischer ohne aufdringliches Fluggeräusch.

Die Lautstärke des Modells sollte der Umgebung angepasst niedrig sein, dann gibt es auch keine Probleme mit Passanten

16.3 Marktübersicht Depron-Baupläne und Bausätze

Während Wasserflugzeuge früher eher Exoten im Portfolio der Hersteller waren, gibt es jetzt erfreulicherweise immer mehr Fertigmodelle und Bausätze auf dem Markt. Im Folgenden möchte ich einige Modelle zum Selbstbau kurz vorstellen:

16.3.1 Micro Drake Depron

Es handelt sich hierbei um einen für nicht kommerzielle Zwecke frei im Internet verfügbaren Bauplan. Die Micro Drake ist in meinem Bekanntenkreis das meist gebaute Trainer-Flugboot. Der Plan, ursprünglich für Micro-Komponenten und Spalt-Depron ausgelegt, eignet sich sehr gut für alltagstaugliche Vergrößerungen. Ich habe die Micro Drake auf einem DIN-A4-Blatt ausgedruckt und mit 3-mm-Depron als Amphibium mit Einziehfahrwerk gebaut. Sie war eines meiner ersten Modelle und sie kommt nach wie vor regelmäßig zum Einsatz. Als Anfängermodell eignet sich die Drake mit 80 cm Spannweite, aus 6-mm-Depron mit einem 10-g-Außenläufer Brushless-Motor. Diese Version ist in meinen Augen besser, als die üblichen empfohlenen Anfängerflugzeuge. Aus 6-mm-Material mit sehr wenig Masse gebaut, verzeiht die Drake fast jeden Fehler und jede schlechte Landung ohne Beschädigungen. Und falls doch einmal etwas kaputt gehen sollte, kann das Bauteil einfach neu gebaut werden, ohne auf Ersatzteile warten zu müssen. Fliegen kann man die Drake sowohl an Land als auch auf dem Wasser. An Land wird sie einfach zum Start waagerecht in die Luft geworfen und auf dem Bauch auf der Wiese gelandet. Für den Wassereinsatz habe ich den Plan etwas modifiziert und meine Drake mit Dornier-Stummeln gebaut. Das ist auch bei Landungen auf der Wiese besser, denn die seitlich angebrachten Schwimmer des Originalplanes können sich im Gras verhaken und abreißen.

- Google Suche unter „Micro Drake Depron Download“ von Thayer Syme

Die Drake in einer 60-cm-Version. Auf 80 cm vergrößert und aus 6-mm-Depron gebaut ist sie ein fast unzerstörbares Anfängermodell

16.3.2 Polaris Seaplane

Es handelt sich hierbei ebenfalls um einen für nicht kommerzielle Zwecke frei im Internet verfügbaren Bauplan. Die Polaris mit ihrem futuristischem Design ist etwas für fortgeschrittene Piloten. Die Flugeigenschaften sind sehr gutmütig, eben ein typischer Delta. Aber Anfänger dürften mit den Rollraten und der Lageerkennung etwas überfordert sein. Auch bei der Polaris ist man nicht komplett ans Wasser gebunden, sondern hat auch die Möglichkeit auf der Wiese oder auf Schnee zu fliegen.

- Google Suche unter „Polaris Seaplane Download“

Die Polaris bietet ein sehr futuristisches Bild auf dem Wasser und hervorragende Flugeigenschaften

16.3.3 Dornier Delphin

Den Dornier Delphin habe ich nach allen im Buch beschriebenen Aspekten optimiert und in zwei Größen mit 70 cm und 170 cm Spannweite vorgestellt. Inzwischen ist er von anderen Modellbauern noch in zwei weiteren Größen mit 120 cm und 200 cm Spannweite gebaut worden. Der 70-cm-Delphin mit etwas mehr als 100 g Abfluggewicht und Seiten/Höhenruder-Steuerung ist mit seinen V-förmigen Tragflächen für den Anfänger geeignet und in zirka 3 bis 4 Stunden gebaut. Der große Delphin mit 1,7 m Spannweite ist sehr gutmütig zu fliegen, aber selbstverständlich aufgrund des Aufwands beim Bau eher für einen fortgeschrittenen Piloten geeignet.

- Kostenloser Download-Plan auf www.vth.de, Bericht in der Foamie 13-03

Die kleine Version des Dornier Delphin mit 0,7 m Spannweite. Inzwischen gibt es mehrere Delphine nach diesem Plan mit Spannweiten bis 2,1 m

16.3.4 Magnum Reloaded

Dieses Modell ist ein einfach zu fliegender EPP-Slowflyer. Sowohl für die Halle als auch für den See tauglich. Es gibt zwei Ausführungen, mit Höhe/Seite-Steuerung oder die Acro mit Querrudern. Sowohl für absolute Anfänger als auch als „Immer-dabei-Spaßflieger" für Profis geeignet.

Der Magnum Reloaded: langsam, gutmütig, spaßig

16.3.5 Dornier Wal

Der Dornier-Wal-Bausatz von Scale-Parkflyer ist in verschiedenen Versionen erhältlich. Als Bauplan zum selber Vergrößern oder Verkleinern, als Depron-Teilesatz oder zusätzlich noch mit Holzfräs-Teilesatz. Der Wal wird in der gleichen Version wie die berühmten Vorbilder der Amundsen Wal N25 oder der Plus Ultra von Ramon Franco angeboten. Bei dem Bausatz wurden alle hier im Buch beschriebenen Aspekte, so vor allem die selbstlenzende Flutkammer berücksichtigt.

- Dornier Wal Bausatz von www.scale-parkflyer.de, Bericht in der FMT 11-14

16.3.6 Judi Seaplane, Volmer VJ22, Schwimmer von Hilmar Lange

Die Judi Seaplane, ein kleiner ungewöhnlicher Delta mit tollen Flugeigenschaften und gutem Wasser-Handling wurde von Jürgen Bestenlehner in der FMT 07/2014 vorgestellt. Den kostenlosen Download-Plan gibt es auf www.vth.de.

Auch zur Volmer VJ22, ebenfalls von Juergen Bestenlehner, ist ein kostenloser Download-Plan auf www.vth.de verfügbar.

Die bewährten Universal-Schwimmer von Hilmar Lange sind für fast jedes Landflugzeug geeignet. Vorlagen dazu kann man vom vth-Download-Bereich herunterladen und in der entsprechenden Größe ausdrucken.

Der Dornier-Wal-Bausatz von Scale-Parkflyer

Die Volmer VJ22 nach einem Download-Plan von Jürgen Bestenlehner

Die Judi Seaplane von Jürgen Bestenlehner, ein kleiner Spaßbringer im Comic Style

Mit Hilmar-Lange-Schwimmern lässt sich fast jedes beliebige Landflugzeug auf das Wasser bringen. Hier im Bild eine Elite Piper L-4

17 Schlusswort

Ich hoffe, ich konnte mit diesem Buch etwas den Appetit auf einen Einstieg in den Wasserflug anregen oder dem bereits wasserfliegenden Leser ein paar Hilfestellungen zur Optimierung seines Modells auf dem Wasser geben. Natürlich kann ich in solch einem Buch nicht zu 100 % alle möglichen Bauformen für Wasserflugzeuge abdecken. Dafür ist die Bandbreite zu vielfältig. Die hier beschriebenen Grundlagen findet man allerdings immer wieder bei allen Flugzeugtypen. Und da Wasserflug mehr ist, als das Modell möglichst schnell vom Boden wegzubekommen oder am Ende der Akkuladung möglichst heil wieder zu landen, lohnt es sich etwas Zeit und Aufwand in die Optimierung seines Wasserflugmodells zu investieren. Neben der Optimierung der Flugeigenschaften, dem Einfliegen, optimiert man bei einem Wasserflugmodell eben auch die Eigenschaften auf dem Wasser. Die Belohnung dafür ist ein zusätzlicher Aspekt des Fliegens, der sehr viel Spaß bringt: Das Gleiten auf dem Wasser. Die Faszination Wasserflug ist wie ein Virus, einmal damit angefangen lässt es einen nicht wieder los.

Dornier DoX vor den Schweizer Alpen

18 Danksagung

Bedanken möchte ich mich bei Andy, Fibi und Tom, die für die Korrektur dieses Buch in den Tiefen ihrer vergangenen Pilotenausbildung gekramt haben. Besonders bedanken möchte ich mich bei meiner Freundin Renate, die mich in dem Jahr das ich gebraucht habe, dieses Buch zu schreiben, nicht nur mit ihrer Liebe unterstützt hat sondern sich dem Kampf mit meiner schlechten Rechtschreibung gestellt hat. Des Weiteren hat sie Fotos gemacht und versucht, als Testleser ohne Vorkenntnisse alles was ich geschrieben habe zu verstehen. Letztendlich möchte ich mich noch bei meiner Tochter Lara bedanken, die mich mit Fotos und als „Modellträger“ unterstützt hat.

Kontakt Autor

greenmunster110@web.de
YOUTUBE: greenmunster110

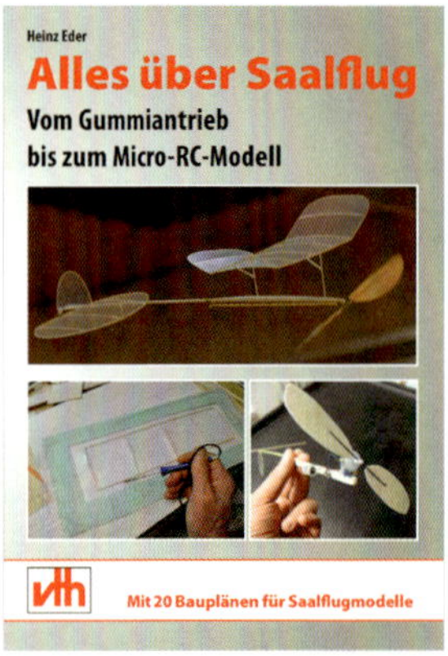

Heinz Eder

Alles über Saalflug

Kleine Thermiksegler mit großer Leistung

Der Saalflug ist ein Klassiker des Flugmodellbaus und wird schon deutlich länger betrieben als die meisten anderen Varianten. Heinrich Eder kennt sich mit dem Saalflug in allen seinen Variationen so gut aus, wie kaum jemand sonst. In diesem Buch hat er Informationen über die verschiedenen Formen zusammengetragen, gibt eine Vielzahl an Bauhinweisen und verrät Insidertipps, die den Saalflug noch spannender machen. Lassen auch Sie sich faszinieren von den scheinbar schwerelos schwebenden Gebilden der Saalflieger!

Umfang: 168 Seiten
Abbildungen: 189
Best.-Nr.: 310 2240
Preis: 24,80 €

Kazimierz Wojciech Chudzinski

Polnische Segelflugzeuge, Band 1: 1945-1970

Kleine Thermiksegler mit großer Leistung

Polen gehört seit jeher zu den Nationen, die die Entwicklung von Segelflugzeugen vorangetrieben haben. Kazimierz Wojciech Chudzinski ist ein Kenner der polnischen Luftfahrt und seine besondere Liebe gehört den Segelfliegern. In diesem ersten Band hat er alle von 1945 bis 1970 in Polen konstruierten Segelflugzeuge aufgeführt, ihre Geschichte beschrieben und beeindruckende, zum großen Teil bisher unveröffentlichte, Aufnahmen zusammengetragen. Jedes Flugzeug mit Dreiseitenansicht!

Umfang: 288 Seiten, DIN A4, Hardcover
Abbildungen: 532
Best.-Nr.: 310 2239
Preis: 49,90 €

Frank Schwartz

R.E.S. – Kleine Thermiksegler mit großer Leistung

Kleine Thermiksegler mit großer Leistung

R.E.S.-Modelle haben maximal 2 m Spannweite, werden nur über Seitenruder (rudder), Höhenruder (elevator) und Störklappe (spoiler) gesteuert und sind meist aus Holz gebaut. Also zurück zu den Wurzeln des Flugmodellbaus. Dabei verblüffen die modernen Konstruktionen mit beachtlichen Flugleistungen.

Umfang: 88 Seiten
Abbildungen: ca. 120
Best.-Nr.: 310 2248
Preis: 17,80 €

Lothar Beyer

Elektro-Kunstflug mit RC-Modellen

Für Einsteiger und Fortgeschrittene

Wie baut man ein gewichtsoptimiertes Kunstflugmodell auf? Wie ist am besten mit der Elektrotechnologie umzugehen? Zahlreiche Abbildungen und Tabellen helfen dabei, die komplexe Materie des Kunstfluges zu verstehen und praktisch auszuüben.

Wer ein Querrudermodell beherrscht und weiteres Know-how sucht, findet mit diesem Buch den Weg zum erfolgreichen Kunstflugpiloten.

Umfang: 160 Seiten
Abbildungen: 255
Best.-Nr.: 310 2243
Preis: 21,80 €

Bestellung unter:

TEL	07221-50 87 22	MAIL	service@vth.de
FAX	07221-50 87 33	WEB	www.vth.de

Frank Schwartz

Aufwinde

In der Ebene, am Hang, im Gebirge

Neben den zwei geläufigen Namen für Aufwinde – Thermik und dynami-scher Hangaufwind – wird auch der anabatische Wind ausführlich erläu-tert. Die Vorgänge sind einfach beschrieben, immer mit Blick auf die Mo-dellflugpraxis, ohne wissen-schaftlich oder kompliziert zu werden.

Umfang: 64 Seiten
Abbildungen: ca. 149
Best.-Nr.: 3102250
Preis: 16,80 €

Gerald Kainberger

Das große Buch des Modellflugs

- Theorie - Technik - Praxis

Ob Einsteiger oder Profi-Flieger – mit diesem Buch erfahren Sie alles über Mo-dellbau und Flugpraxis. Vertiefen Sie Ihre Kenntnisse und Fertigkeiten, schließen Sie Wissenslücken, klären Sie offene Fra-gen. Denn in diesem Buch wird wirklich jeder relevante Aspekt der Modellfliege-rei beleuchtet.

Umfang: 240 Seiten
Best.-Nr. 3102193
Preis: 29,80 €

Ulrich Passern

Das LiPo-Buch

Aktualisierte und erweiterte Auflage

LiPo ist das Zauberwort im RC-Modell-bau. Dieses Buch liefert die notwendigen Informationen, um sowohl beim LiPo-Kauf als auch beim Einsatz der revoluti-onä-ren Energiequelle die richtigen Ent-scheidungen treffen zu können.

Umfang: 64 Seiten
Abbildungen: 74
Best.-Nr.: 310 2238
Preis: 9,90 €

Hinrik Schulte

Mini-Flugmodelle

Flugzeuge, Hubschrauber, Multicopter

Die Auswahl an Flugmodellen unter 100 g Abfluggewicht ist inzwischen sehr groß und unübersichtlich. Hinrik Schulte stellt nach etwas Theorie eine Auswahl von insgesamt 25 Mini-Modellen vor und hat diese, nach Bewertungskriterien wie Anfängertauglichkeit und Flugmöglich-keiten, in unterschied-liche Kategorien eingeteilt.

Umfang: 144 Seiten
Abbildungen: 200
Best.-Nr.: 310 2235
Preis: 18,80 €

Prof. Dr. Roland Büchi

2,4-GHz-Fernsteuerungen

Grundlagen und Praxis

Neben den Grundlagen und Eigenschaften der 2,4 GHz-Funkwel-len vermittelt unser Autor, Prof. Dr. Roland Büchi, auch die praktischen Aspekte.

Umfang: 112 Seiten
Abbildungen: 94
Best.-Nr.: 310 2234
Preis: 17,80 €

Bestellung unter:

TEL 07221-50 87 22 MAIL service@vth.de
FAX 07221-50 87 33 WEB www.vth.de

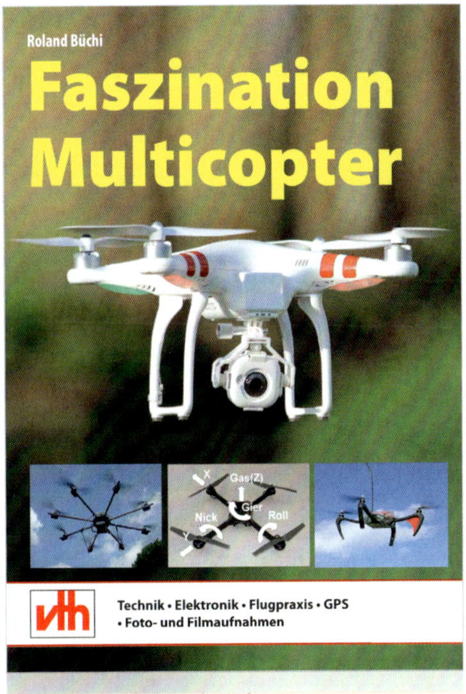

Roland Büchi

Faszination Multicopter

Technik • Elektronik • Flugpraxis • GPS • Foto- und Filmaufnahmen

Das Buch erläutert verständlich das Funktionsprinzip, die eingesetzten Motoren, Sensoren und Steuersysteme und gibt einen Überblick, was heute mit dieser Technik machbar ist. Gegenüber dem Vorgängerbuch kamen viele neue und aktualisierte Informationen dazu und es wird auch auf die heute zu kaufenden Fertigsysteme eingegangen.

Umfang: 144 Seiten
Abbildungen: 80
Best.-Nr.: 3102236
Preis: 21,80 €

Franz Kayser

Flugmodellbau mit Holz

Materialien – Bautechniken – Konstruktionsmethoden

Ohne viel Mathematik und Formeln erklärt Franz Kayer die verschiedenen Konstruktionsgrundlagen. Damit das Ganze nicht in der Theorie bleibt, werden in diesem Buch Material und Bautechniken an einem realen Flugmodell eingesetzt. Bauplan und Frästaten für das Modell WOOD sind auf der beiliegenden CD gespeichert.

Umfang: 144 Seiten
Abbildungen: 247
Best.-Nr.: 310 2244
Preis: 24,80 €

Frästeilesatz Mini Joe

Der Mini Joe ist der kleine Bruder des Little Joe. In den Flugeigenschaften ähnlich, ist der Bau- und Ausrüstungsaufwand beim Mini Joe aber wesentlich geringer als beim Little Joe.

85 Teile, alle Spanten, Rippen, Holmverkastungen und Leitwerksteile aus Flugzeug- und Pappelsperrholz sowie Balsa

Bestell-Nr. 621 1595 • Preis: 109,00 €

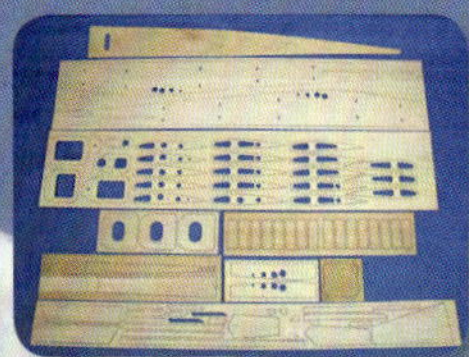

Material- und Frästeilesatz Mini Joe

85 Teile und zusätzlich das komplette Beplankungsmaterial für Rumpf und Tragfläche, Leisten und Holme, gefräste Nasenleisten sowie alle Füllstücke für Rumpf-Leitwerksübergang und Randbögen.

Bestell-Nr. 6211596 • Preis: 129 ,00 €

Bauplan Mini Joe

Konstruktion: Josef Traxler
Spannweite: 1.260 mm, Länge: 965 mm
Fluggewicht: 1.300 bis 1.450 g
Flächenbelastung: 67 bis 75 g/dm²
Motor: BL-Motor ab 350 W, Akku: 3s LiPo 2.500 mAh
Propeller: 12×6"Xoar
RC-Funktionen: 2×Quer-, Höhen- u. Seitenruder sowie Motorregelung

Bestell-Nr. 320 1460 • Preis: 19 ,00 €

BESTELLSERVICE
Tel: 07221 - 5087 -22, Fax: -33
e-Mail: service@vth.de
www.vth.de

Bauplan: Best.-Nr.: 320 1444
12,00 €

Der Teilesatz umfasst präzise lasergeschnittene Bauteile aus Balsa und Sperrholz in ausgesuchter Qualität. Benötigt werden noch Beplankungsmaterial sowie entsprechende Leisten für Holmgurte und Rumpf.

Mini-Gnumpf

Dieter Werz, 2013, Spannweite: 750 mm, Länge: 550 mm, Flügelfläche: 10,12 dm2, Fluggewicht: ab 425 g, Antrieb: Brushless, ca. 3.000 U/V), Akku: 3S-LiPo, 2.100 mAh, RC-Funktionen: Quer, Höhe, Motor, Rumpf: Holz, Tragfläche: Holz

Der Mini-Gnumpf ist die 75-%-Version des bekannten Rennmodells. Bedingt durch die geringe Spannweite und die erreichbaren hohen Geschwindigkeiten von über 180 km/h ist das Modell nur für geübte Modellflieger geeignet.

Laserteilesatz:
Best.-Nr.: 621 1507
26,00 €

Hai 1 Evo

Wolfgang Werling,
Spannweite: 1.480 mm,
Länge: 635 mm,
Fluggewicht: Segler ab 490 g, Elektro ab 580 g,
Profil: MH 63 mod.,
Antrieb: Hacker A 20 26 M – A20 12 XL Evo, Akku: ab 2s 800 mAh – 3s 1.800 mAh,
RC-Funktionen: Höhe/Quer über Mischer, Motorregelung

Der Hai 1 Evo ist die konsequente Weiterentwicklung des Hai 1. Das neue Flächendesign und ein weiter Bereich der Antriebsauslegung zeichnen den Hai 1 Evo aus. Kann als Segler und Elektrosegler gebaut werden. Der zusätzlich zum Bauplan erhältliche Frästeilsatz erleichtert den Bau des Modells erheblich. Der Teilesatz umfasst alle benötigten Bauteile aus Balsa und Pappelsperrholz in ausgesuchter Qualität. Benötigt werden noch Beplankungsmaterial sowie die entsprechenden Leisten.

Bauplan: Best.-Nr.: 320 1456 – 19,00 €
Frästeile: Best.-Nr.: 621 1583 - Preis: 59,00 €

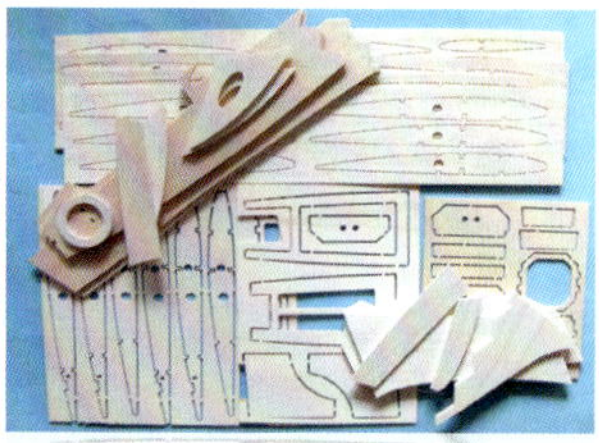

Tiger Hai

Wolfgang Werling, 2012, Spannweite: 2.600 mm, Länge: 870 mm, Antrieb: Hacker A 40 12 S V2 14, RC-Funktionen: Quer/Höhe, Motor, Wölbklappen, Rumpf: Holz, Tragfläche: Holz

Bauplan: Best.-Nr.: 320 1425 - 25,00 €
Frästeile: Best.-Nr.: 621 1445 - 99,00 €

Bauplan: Best.-Nr.: 320 1454
25,00 €

Die Kabinenhaube erleichtert den Bau des Bauplanmodells Zephyr EDF.

Kabinenhaube: Best.-Nr.: 621 1582 - 18 ,00 €

Frästeile:
Best.-Nr.:
621 1581
189,00 €

Zephyr EDF

Konstruktion: Tim Kleinschmidt, Spannweite: 1.380 mm, Länge: 1.450 mm, Gewicht: 3.700 g, Flächenbelastung: ca. 125 g/dm², Profil: MH 43, EWD: 0,46°, V-Form: 3°, Antrieb: Wemotec Midifan mit HET 650-58-1970, Schubvektor: 2,21°, RC-Funktionen: Seite, Höhe, Quer, Motor, Landeklappen, Einziehfahrwerk, Bugrad

Der Zephyr EDF ist ein kompaktes und einfach zu bauendes Jetmodell für Elektro-Impeller der 90-mm-Größe. Der Teilesatz umfasst 93 CNC-gefräste Bauteile aus Balsa, Pappel- und Flugzeugsperrholz in ausgesuchter Qualität. Benötigt werden noch Beplankungsmaterial sowie die entsprechenden Leisten.